THE BEAUTY OF INTERIOR DECORATION DESIGN

软装之美

图书在版编目（CIP）数据

软装之美／（美）马克·克里斯托,（美）汤姆·斯金格著;贺艳
飞译. —桂林:广西师范大学出版社，2017.10
ISBN 978 - 7 - 5598 - 0263 - 7

Ⅰ. ①软… Ⅱ. ①马… ②汤… ③贺… Ⅲ. ①室内装饰设计
Ⅳ. ①TU238.2

中国版本图书馆 CIP 数据核字(2017)第 225151 号

出 品 人:刘广汉
责任编辑:肖　莉
助理编辑:齐梦涵
版式设计:吴　迪
广西师范大学出版社出版发行

（ 广西桂林市中华路22 号　　　邮政编码:541001 ）
（ 网址:http://www.bbtpress.com ）

出版人:张艺兵
全国新华书店经销
销售热线:021 - 31260822 - 882/883
恒美印务(广州)有限公司印刷
(广州市南沙区环市大道南路334 号　邮政编码:511458)
开本:700mm×1 092mm　　　1/8
印张:36　　　　　　字数:34 千字
2017 年 10 月第 1 版　　　2017 年 10 月第 1 次印刷
定价:288.00 元

[美] 汤姆·斯特林格 (Tom Stringer)

[美] 马克·克里斯塔尔 (Marc Kristal)　著

贺艳飞　译

THE BEAUTY OF INTERIOR DECORATION DESIGN

软装之美

汤姆·斯特林格全球作品集

广西师范大学出版社
·桂林·

images
Publishing

目录

前言

我和汤姆·斯特林格似乎已经相处了一生。我们两人都是几年前在芝加哥开创了自己的事业，而汤姆是我一个优秀而忠诚的客户。直至今天，他仍是我们最大的支持者之一。

认识汤姆的人会告诉你，无论从哪个方面看，他都是人们普遍认为的那种好男人。他慷慨大度，平易近人，善良聪慧，秉持天赋，极具创意，而且具有绝佳的品味。汤姆也是一个杰出的商人。汤姆·斯特林格设计工作室效率很高，能与我所见过的其他任何优秀工作室媲美。霍利·亨特工作室的所有工作人员都喜欢和汤姆及其团队合作，也喜欢为他的客户工作。

即便你在某件事上不赞同汤姆，但事实总会证明他是正确的。他也是一个快乐的人。我们都认为快乐像自然条件一样，是一种有意识的选择。这种观点极具禅意，也具有典型的汤姆风格。

汤姆对特别的事物独具慧眼和鉴赏力，他拥有一种非正统精神以及无穷无尽的好奇心。他不愿意理所当然地接受一切，所以他走遍世界，亲身体验各种文化，然后为他的作品带回各种想法和经验。他将自己的职业和爱好结合起来，同时还创立了一个大公司，这是一种多么美妙的办法。

这本书并不是一本普通的软装设计著作。相反，它是一个令人惊讶的能够提供大量信息的个人记忆库，在某种程度上，它是一个无穷无尽的个人设计人生故事，富含在意外的地方发现意外之美的乐趣。汤姆是一个真正的世界级旅行者他从未停下脚步他坚持不懈地探索未知的异域的、改革性的和永恒的事物。

这本书讲述了汤姆在旅行中展开的个人故事。我确信，汤姆的基因里写入了大量这种对奇妙、陌生和漂亮的世界的移情性好奇心。这种好奇心给了了汤姆的作品一种独特的特征。很简单，这名男子去过很多地方，看过我们大多数人没有看过的地方。这种全球视角融入了他创作的每个室内设计作品之中。

作为一名优秀的设计师，汤姆·斯特林给自己的作品注入了一种智慧和情感的平衡，为自己的客户增添了一种将家的连贯性与一点儿奇妙的"外来元素"融合起来的想象。

然而，我的确对汤姆有一点儿不满。因为至今为止，他从未邀请我与他一起进行一场美妙的旅行。但当我阅读这本具有无数亮点的作品时，我产生了同他一起旅行的感觉，对此我心存感激。我相信你们也会享受这次旅行。

霍利·亨特 (Holly Hunt)

海市蜃楼

我几乎半生都在从事室内设计工作，这一事实令我感到震惊，如今却要诉诸纸面。尽管我曾经多次著述和论及我的作品，但创作本书却给了我一个机会，让我第一次更多地思考我是如何成长为现在这样的设计师，而不是思考最初选择这个职业的原因（这很简单——我是因为对这个工作真的很感兴趣才当室内设计师的）。

我想说这个问题的答案蕴藏在我的童年时期，而且从某个方面来说，的确如此。但我的旅行生涯实际上在我出生很久之前就已经开始了。它始于1893年——在俄亥俄州一个名为亚什兰的小镇上，我的曾外祖父 J. L. 克拉克和他的商业伙伴吉伯·赫斯博士创立了一家名为赫斯 & 克拉克的"农场救助站"。从今天看来，人们很难想象竟然有人能依靠贩卖灭蝇剂、乳房药膏以及添加抗生素的家禽和牲畜饲料发家致富，而这真切地发生了。我的曾祖父借此积累了大量财富，甚至在建造自己的豪宅之前能够资助建立亚什兰大学和镇医院（我在孩童时期就已经被灌输了"服务第一"的传统概念）。

不久之后，J. L. 做出了一个影响了我一生的决定。大约在1904年，他在恰好位于麦基诺岛以南的密歇根州鲻鱼湖建造了两座小木屋——一座采用安妮女王风格，另一座则采用工艺美术风格。在周边最大的城镇哈伯斯普林斯，许多著名的中西部家族，包括福特、里格利、普罗克特和甘布尔，都建造了自己的避暑山庄。实际上，鲻鱼湖本身一直被少数世纪之交的实业家占据，他们的亲戚至今仍然会去造访。我的家族也是如此，今天我的兄弟姐妹和我仍然共享这两座小木屋，其中共有10个卧室。尽管我曾在许多地方居住过，但它们一直是我的试金石。我的所有家人以及远亲每年仍会在此聚会，而令人惊讶的是，我们在这里结交的朋友竟然是一百多年前曾与我的曾祖父把酒言欢之人的后代。

这种生活听起来有点儿与世隔绝的感觉，但却是建造这两座小屋的真正意义。它对我现在从事的职业具有重要的影响。J. L. 希望我们全家在这里团聚，而不是轮流在这里逗留，这从来不是建造房子的初衷。因此，这些小木屋成了我家人的记忆仓库。这里保存了我们家人的所有照片以及录制了T型福特车通过我曾外祖父宅邸门前的未铺道路的古老自制影片。我想补充一点，那一代人对美术或物体并不是特别感兴趣。他们收集的是个人经历的瞬间——演员詹姆斯·斯图尔特所称的"时间碎片"，而且自那以后，我家族的世世代代都一直保持着人文体验的延续性和联系。

作为一名因工作所需而四处奔走的设计师，我总是受到某种文明的标志性物体的吸引。当然，这种兴趣源自我自己的标志，也就是那些褪色的照片和发光的电影胶片——它们与我的家族故事有关。如我常说，对我而言，设计就是讲故事。事实上，我无法想象讲述一个虽然纯朴却缺乏个人经历的室内空间故事。对于每个项目，我第一个，可能也是最重要的任务便是帮助客户整理并讲述他们的故事。一旦我了解了他们的故事，我和客户便建立了一种联系——一种为我创造的房间指点方向、赋予意义并做出回应的联系。

正是家族的第二代，也就是我外祖父，引领我进入了旅行的世界。旅行后来不仅给我的作品带来了重要影响，而且还成为了我一生的主要兴趣。实际上，我的外祖父是一名沉默寡言的银行家兼保险员。在他的父亲意外去世后，他大学未毕业就开始帮助经营家族生意，我认为正是这件事让他变得缄默。然而，每个圣诞节，他都会抛下一切缠身俗事，带领全家进行一场既奢侈又极其荒诞的旅行。20世纪60年代末和70年代初，商业飞行达到巅峰。波音747有时候会配置音乐酒吧，而乘务员会在走道上的餐车上切割上等牛排。我祖父有违直觉地决定复兴铁路黄金时代：他用一个凯迪拉克车队将我们送到芝加哥联合车站，把所有家人安顿在一节私人火车车厢里，然后，我们便坐着火车去了加利福尼亚。

这并不是为了炫富，相反，我祖父认为让我这一代人亲身体验那些即将永远消失的东西非常重要。火车是一种线型陆上交通工具，能让我们发现美国既时尚，同时又令人惊讶地亲切。我们还多次前往牙买加，住在那些能够适合伊恩·弗莱明或诺埃尔·科沃德居住的别墅里。牙买加之旅并非纯粹为了满足加勒比人的享乐需求。我和兄弟姐妹们在学会潜水之后，试图拍摄雅克·库斯托（法国海军军官、探险家等）风格的水下电影，并在当地人中寻找那些带领我们领略小岛独特文化杂烩的人们。

探险之旅指人们前往一些富有异域风情、令人激动，同时又增长人们见识的旅行。这种探险的想法被我母亲发扬光大。我母亲是一个谦逊却勇敢的女子，举个例子来说，对她而言，如果没有一位对当地的鸟类生活极其熟悉的鸟类专家的陪伴的话，亚马逊之行就是不完整的。这也成了我自己喜欢的旅行模式。这种旅行不仅带来了令人难忘的体验，同时产生了大量的审美和人文信息。

在《白鲸》第一章《海市蜃楼》中，主人公以赛玛利描述了各种水体对不同地方的人们所产生的不可抗拒的吸引力，发现我们从中看到的只不过是"难以捉摸的生活幻影"。我赞同这点。我直到最近才明白一点，那就是我一生中唯一不变的东西便是水。尚在孩童时期，父亲便携我去湖上，让我从船上跳进水中，并游回岸边，他用这种方式教会我驾船。然而，父亲实际上是抛弃我！但正是通过这种方式，他让我学会了放下恐惧，掌控自己的命运。这些人生课程让我在各方面都站在优秀的行列。水让我联想到童年，将我送到世界各地（以及那些利用其他方式无法抵达的偏远停靠港），而且从严格意义上来讲，这还提供了一种观察世界的新方法。水是贯穿我所做的一切的共同线索。它提高了我的创造力，解放了我的灵魂。

林地都铎式宅邸

在室内设计领域，没有任何东西是必然的。但这座漂亮的都铎式宅邸的所有者们与我在创意道路上的偶遇却绝对是上天注定的。这座宅邸位于印第安纳波利斯，坐落在占地 40.5 公顷的庄园上。"我们经常旅行，知道你也经常旅行，我们认为这是建立关系的良好基础。"他们在与我初次会面时如此解释，而且对这点更加深信不疑，因为他们发现我长时间以来对非洲的了解要远胜于他们自己，尽管他们一家在肯尼亚建立并维持着一个野生动物保护区。

当这对夫妻向我展示了他们收藏的大量非洲和非洲中心主义的物体及艺术品（这些收藏品奇怪地与一些精美的比德迈厄式家具和装饰并置）后，这种因同时熟悉非洲而建立的关系对改建和重新设计一座传统中西部宅邸的影响愈加明显。我感到这座宅邸本身是分裂的，而我的工作就是编辑并突出其非洲和欧洲美学和文明的亮点，然后以一种舒适并相得益彰的方式将两者融合起来。

在如此做之前，我们清洗了宅邸的建筑画板，也就是说，改建了所有室内装饰线、硬件和饰面，给厨房和浴室配置了现代化设施，升级了房屋的所有系统。在准备好这块干净的画板后，我们发现，传统和本土元素、历史和异域元素自然轻松地相互融合了起来。在与客户工作期间，我发现他们的兴趣和品位极其广泛，有些看似相互矛盾，却都达到了一种协调的平衡。我很高兴地看到相同的方案也很适用于其宅邸的室内设计。

前几页：在入口门厅，一个仿古法国矮衣柜上放着一盏雪花石膏灯，与其对应的是一面现代切割玻璃镜；楼梯井墙面上挂着多幅仿古深褐色鸟绘。餐厅的手绘丝绸墙纸与安装熏制松木面板的书房形成对比。对页：在餐厅，一块仿古奥沙克地毯柔和了石灰石地面。上：一把典型的五腿乔治亚式椅子和法国镀金青铜玻璃烛台让餐厅凸窗前的休息区变得优雅高贵。

前几页和右图： 张托德·墨菲创作的巨幅绘画延续了作为客厅起点的入口处的禽鸟故事。比德迈厄式和法国帝国式家具与一张现代亚洲上漆咖啡桌相结合。后几页：家庭娱乐室混合了现代和传统旅行家具，既有法式，也有英式，还用客户从非洲带回的艺术收藏品进行了装饰。

前几页：（左）在餐厅，一座非洲象雕塑和古硬币收藏品放在一个现代餐具柜上。（右）后厅装饰着一幅框装泥布，下方是我的工作室设计的"波浪形"长椅。上：英式吧凳和吹制玻璃灯突出了厨房岛。
对页：餐厅的凸窗前设置一张弧形长沙发。

上页及对页：在主套房中，一个仿制英式床头柜上放着客户收藏的一张孩童照片，此外，还有一个配置了一架移动梯的小图书角。后几页：一个俯瞰湖泊的纱窗阳台上摆放着一张由一扇古代阿富汗门制作的桌子、多个摩洛哥皮革厚圆椅垫以及复古柳编家具。

CONTINUITY & CONSISTENCY

连续性和一致性

对我而言，与一位初识的客户合作是一次极其愉快的体验，可与访问一个之前从未去过的国家媲美。在上述两种情况下，全新的感觉都会迫使我以全新的视角去看待设计和人类本性。因为对旅游的痴迷，我可能如同其他人一样容易满足。一种新合作必将促使我挑战自己的假想，自然，我以及我的作品也会变得更好。

然而，我在很多方面都是一个幸运之人，可能最幸运的莫过于拥有为特定的个人和家庭设计各种住宅的优先权，有时候会延续好几十年之久。触动一个人的创意感官以及接收新事物带来的震惊，能够提供一个全新的视角。但与老客户合作也能在其他方面极大地增长我的见识。这种合作让我能够重访、探索和扩展那些可能需要数年之久才能完全完善的想法；让我进一步了解我正为其设计的个人，并将更加详细的信息反馈至草图制作桌；让我从老朋友们那里学到更多知识，即便我在为他们做相同的事情。在我看来，共同旅行是了解他人的最好方式。与客户建立长期关系使得双方能够观察彼此对新体验的反应，这样一来，随着时间的流逝，我们能提醒对方注意那些值得一看的事物、值得一去的地方以及能够提高我们知识的艺术家或手工艺者。长期合作客户是我的伙伴、主顾、神甫和缪斯。没有他们注入我生命的连续性和一致性，我真的无法从事我此时正在做的工作。

从与我多次合作的人们的身上，我发现了另一个现象：他们倾向于给予室内设计和其艺术品、古董和藏品相同的呵护和重视。伟大的室内设计师艾伯特·哈德利回想起他的合作伙伴茜斯特·帕里斯，只有在其客户未能用新涂层或新装饰定期维护并翻新住宅时才会感到沮丧。我明白，

尽管室内设计（也有一定的例外）并不一定会永久保留，但它们却是想象的结晶，是通过融合设计师及其客户的想象而书写的适居故事，同时也融入了各种工匠的贡献。我不会将我的工作室比喻成哈德利－帕里斯工作室。但我对我们做所的一切引以为傲，并很幸运地拥有那些将我们设计的房间视作栩栩如生的艺术品并从中看到价值和获得乐趣的客户。

矛盾的是，室内设计项目的一个最有趣的特点便是它与窗户和墙体之外的外部世界的联系。当然，这一点在现场、景观、建筑和装饰相互依存的住宅中尤为明显。但它在公寓中也同样突出，因为漂亮的景色实际上变成了日常生活体验的一部分。

与我合作过不止一次的人们对此非常熟悉，而且有很多人因此而购买原住宅周边的土地，并要求我帮他们将这些编织成一种统一的体验。这种想法往往来自另一种连续性：一种为后代预留空间、创造能够吸引子孙的场所的渴望。在我与客户旅行结束后，在与他们潜水或爬山或乘坐气球、参观画廊和博物馆，甚至只是透过一杯葡萄酒凝视水景时，我充分理解了——实际上和本能上——他们对家庭、传统以及真正重要的事物的重视。此时，长期合作关系的价值就变得极其明显。因此，当我扩张他们的房地产边界时，我不仅仅扩展了他们的生活体验，而且延展了他们的生活——而且是在优先充分了解他们的前提下做到的。

如我经常所言，我所做的事情对任何人而言并非必不可少的。但在我的专业领域内，在今天和未来的很长一段时间内，我能给人们带来快乐。就像科尔·波特所说的：这就是财富。

城中屋

我对自己的世界环游进行了详细描述。我与丈夫斯科特共同生活的芝加哥宅邸代表了一种环游生活。它与密歇根湖相隔一个街区，距离我们位于滨湖大道上的第一套公寓不远。尽管两套住宅之间的距离极短，但我和斯科特出行的路线却复杂、曲折且极其多彩——所有这些都充分反映在了我们的家中。

这栋建于19世纪的建筑在20世纪30年代增建了一个两层楼的挑空结构，它将诺曼式屋顶线与美术派建筑风格的正面结合起来，并营造了一种充满诱惑力的特别效果。我们之所以选择这种风格，部分原因是它对城市网络的无视。在芝加哥，巷道是主要的出入手段，我们不想一直从后面进出。我们的住房有一条车道，且位于一块极宽的地块上。这意味着，我们不仅可以从街道进入，还有足够的空间修建花园和车库。

我们夫妻各自的品味有点儿不同：只要是新古典、现代或民族风格，我都赞同，而斯科特则喜欢维多利亚元素。然而，我们从建筑和装饰上弥补了这种分歧。关于前者，我们努力创造一种统一的、受英国影响的新古典主义室内空间。装饰性元素源自我们四处旅行时收藏的极具异域风格的艺术品，这些收藏品自然而舒适地布置在更加传统、精美的房间里。

我对那些在装饰住宅时思考"这些说明了我的什么观点"的人们非常不满，然而我却不得不问自己这个相同的问题。就像做任何事一样，一个强大的合作伙伴是一种很好的陪衬。随着我们的环球旅行接近尾声，我发现欲要创造一栋温暖、重要和必定持久的住宅，最能代表我们个人及夫妻的事物最为重要。

adam and steve   kelli snively

前几页：我们的住宅外部结合了美术派和诺曼式建筑元素。在门厅，顶面安装一盏现代木制涂金水银玻璃吊灯，下方是 V 型拼花橡木地板；一个德国装饰派桌案两边各放置一把福图尼印花布包面俄罗斯摄政椅。客厅的红木斯坦韦钢琴旁挂着一幅科尔·斯特恩伯格创作的混合绘画作品。客厅也采用了复古和现代法国和亚洲家具以及波利尼西亚贝壳货币、野猪牙骨雕和大洋洲人"复原"雕像，所有这些都是我们在旅行中收集的。右：在贴了银箔的餐厅里，两把 18 世纪法国餐椅（分别是方形和圆形靠背）与一张桃花心木餐桌搭配。一个缅甸头饰放在一张复古卡尔·斯普林格式桌案上。头饰是用我们在缅甸茵莱湖发现的牦牛牙齿制作的。桌案上还有两个非洲求子雕像。

对页：一面镀金镜子挂在牛角镶嵌细工饰面衣柜上方，里面倒映着一个约鲁巴人串珠王冠和大洋洲贝壳
货币。上：非洲青铜求子雕像放置在卡尔·斯普林格式桌案上。

左和后几页：厨房岛旁的大型吧凳可以转过来面对相邻的"客厅"。客厅配置一张仿古农场餐桌，餐桌被缩小，以作它途。沙发上方是一幅我和斯科特去乌卢鲁时购买的现代土著"水"绘。

右和后几页：主套房贴丝绸壁纸，安装我和斯科特为第一套房子购买的仿古法国吊灯。胡桃木树节衣柜是我在大学二年级时用祖母送给我的 300 美元生日支票购买的第一件古董。在休息区，我放置了一张法国理石台面小桌，并装饰了一个松野(Songye)文明非洲面具；角落的镀金帝国桌具有重复的狮身人面像图案。白色理石浴室延续了套房的浅色色调。

上、背面和前几页：图书馆的安静特征用男子的西装布料——法兰绒包覆墙面加以突出。
在理石壁炉架上，我和斯科特在意大利发现的一幅超现实主义绘画两边是我们在缅甸
收集的几支纹身笔和一个非洲面具。我的工作室设计了用簇状绒毛装饰的皮革搁脚凳。
一张仿古英式"可调节倾斜度的"桌子以及几把路易十六式椅子就放在书架前，是玩西洋
双陆棋戏和纸牌的理想工具。

71

右：三楼的三套客房之一。17世纪新古典主义法式椅包覆福图尼印花布；大萨摩瓶是斯科特的父亲留下来的。罗伯特·隆戈创作的两幅《城市人》系列作品挂在长沙发上方。

在海上

当孩童时期的我觉得足以独自出行时，世界以出人意料的方式呈现在我的面前。当然，同时出现的也有独立的机会，这对一个十岁的孩子来说十分诱人。对我来说，鲻鱼湖是一个在早上起床，然后消失一整天，直到晚餐前才回家也不会让家人担心的地方。在今天这样一个盛行直升机式教养的时代，这种情形是难以想象的。我会爬上我们的小捕鲸船——一艘可以安装一面帆的单桅小船，开启6.5公里的跨湖航程，在一个无人海滩上度过一天，然后在太阳下山前返航。对一个孩子来说，这等同于环游世界。直到今天，规划自己的航线，不因为期望特别是到达目的地时寻找一个庇护所的需要而退却，是人生中最巨大、最可靠的乐趣之一。

这些早期体验也让我学到了后来与我的职业高度相关的两件事。首先是设备齐全的可移动住宅的想法，因此，我总是把最小的船只也视为房屋。我对移动生活的兴趣无疑始于上述的私人火车车厢。那是一栋有着精美的设计和装饰、设施齐全的住房，它还能够以时髦的方式运送你横跨大陆。最终这种兴趣发展成了对温尼贝戈族印第安人的兴趣。在出游时，我曾请求祖母带我去房车售卖场，这样我就可以研究各种展示的房车，感叹它们设计、建造和装备的效率。

最终我发现自己迷恋上了各种系统，这些系统在我实际成为设计师的几十年之前就成了我的设计作品的基础。三年级时，我开始在绘图纸上绘制房屋的平面图和立面图。我在一家五金店里偶然看到了一本托罗牌喷淋系统宣传目录，这对我而言是一种变革性时刻。我立即吸收了这种概念，并因此而在绘制下一栋房屋时增加了一套自我维持的景观（感谢我的第二个发现，即一本马里布照明系统宣传册，这个景观同时也安装了全套照明设施）。

小船、火车、房车当然都是细心设计、完全整合的系统，它们无缝地运行，同时产生一种效果。这成了我的作品的标志之一。这种能力在我设计远洋游艇时发挥了极大的作用。作为一个小设计师，我还学到了一些有关系统的东西：你永远不能意识到它们的存在，如果你意识到了，一般而言是因为有什么东西停止了工作。这种完美的联系存在于人体。我们走路、说话、睡觉、用餐、呼吸、思考、大笑、创造、恋爱，但从未有一刻想过让这一切成为可能的伟大的内部系统，直到一次疾病打断它的运行。这就是我作为一名设计师试图创造的东西：在每个层面反应客户的需求和渴望的安静、优美的室内空间——让它永远、绝对不感冒。

我还应增加一点，我父亲最喜欢的航海教学方法——跳下船，留下我自己照顾自己——也非常有益。我在亚利桑那州学习设计时，意外地发现自己正在经营一家公司。大学一年级时，我受聘为基奇尔－纽隆装饰公司的兼职通用助手，并很快被提升为助理设计师。在那个我即将成年、离开储藏室并成长为专业设计师的复杂时期，南希·基奇尔和布拉德·纽隆都对我产生了重要的影响。南希教会了我什么是折中主义，向我展示了对立的力量，并大赞个性；布拉德教我如何成长为一个成人，展示了诚实和自尊的价值，并大度地指导我培养正在形成的设计感觉。我对他们欠下的人情债、对他们的爱戴和感激无需夸大。

FIJI

Vanua Levu

Taveuni

Vanua Balavu

Fiji

Lomaji

Lakeba

Kadavu

Vanuatu

PACIFIC
OCEAN

Fiji

New Caledonia

Fiji

THE Sometime STORE

SO NA GA ENA SITOA

布拉德也给予了我一种树立信心的信任，这是每一位心怀抱负的创造者应该得到的。我在公司工作的第二年，他辞职后创立自己的工作室，并带上了我。之后不久，布拉德因为健康问题而需要离开很长一段时间，因此他大手一挥就把公司留给了我。随着事件的发展，他缺席了一年时间，我因此而不得不辍学。但之后布拉德又回来了，我又开始上课，因为我拥有了实践经验，所以实际上我已能与教授比肩。这使得我能够以一种更加全面的方式理解他们所教授的东西，而如果没有这些亲身实践经验的话，这是不可能的。

我不知道我会将这种方法推荐给别人。但我发现，当我被迫照料自己的时候，我学得最快。它能够唤醒一个人的想象力，启发他的机智，而且——在设计领域尤其有用——让他能够沉着地应对压力。

如前所述，当我哥哥聘请孩童时期的姐姐和我帮助他成为第二个雅克·库斯托时，我开始潜水。（天哪，保护水下摄影机的外壳如此笨重，我们以失败告终。）此后直到几十年后，我才又一次绑上潜水氧气瓶，然后开始像一只欢快的云雀一样开始潜水，因为我和斯科特都参加了度假邮轮潜水课程。但在那之后，因为获得了潜水证，我们已经能够在加勒比海的开放水域潜水，而在此之前从未潜过水的斯科特发现潜水是一种极其刺激的运动。他的热情使我再次想起那种在牙买加水域上担当"摄影助手"时的快乐，因此，我们决定只要有机会还要去潜水。

只要可能，我总是希望同客户一起旅行，因为没有比这更好的方式去了解一个人，了解彼此的品味、爱好和生活习惯。正是在这样的一次前往巴哈马群岛的旅行中，我发现了潜水的真正乐趣。在未提前告知我们的情况下，这个特别的客户邀请我和斯科特进行一场，最后变成一次鲨鱼潜水的旅行。在潜水时，你可以近距离观察如何用手喂食一群鲨鱼。我们自然是惊呆了，但临阵退缩是不可能的，所以我们慢慢进入本以为是波涛汹涌的水域。事实证明，这种体验具有革命性的力量。实际置身于50多条鲨鱼之中，被滑行而过的它们碰撞着，是为了发现这些传奇般的动物到底是怎样的美丽，甚至热情的生物。这次潜水没有把我们吓到半死，反而成为了一次出人意料的励志之行，而且让我们踏上了一段永在延续的旅程，去发现世界上那些人们极少探索、极其偏远的目的地：那些我们可能永远不会踏足、拥有我们从未了解的文明的地方。

在早期旅行中，我们有一次去了土阿莫土群岛。土阿莫土群岛位于法属波利尼西亚岛以北约 500 公里处，是地球上最偏远的地方之一。我们驾船驶入一个细长的环礁湖，周围环绕着由沙滩和棕榈树构成的裙礁，更远处是南太平洋的滚滚波涛。尽管环礁湖波平浪静，礁石上的一个缺口却使得水流随着潮水的涨落而流出流进，因而带来了大群鲨鱼前来捕食。我们潜至水面以下约 12 米处，透过折射的阳关抬头仰望，观察这些恐怖的动物在我们头顶上方的水域随波而流。我极少如此真切地感受过生命的跳动。

当然，潜水并不完全是为了与鲨共舞。直到熟稔潜水，你不会意识到，水肺潜水最接近凡人之躯能够体验的飞行。当你顺着水流潜水时——所谓的漂流潜水，即从一个地方滑入水流，你明白自己会被带到另一个地方，这种体验可与鸟儿乘风而飞媲美。你控制着自己的呼吸和动作，以尽可

SOCIETY ISLANDS, LEEWARD

Maupiti

Bora Bora

Taha'

Raiatea

Huahine

TUAMOTU ARCHIPELAGO

Tikehau

Rangiroa

Raitahiti

Toau

Fakarava

Tahanea

PACIFIC
OCEAN

SOCIETY ISLANDS, WINDWARD

Mo'orea

Tahiti

Polynesia

能减少空气阻力，避免惊扰众多的海洋生物，如此你学会了如何仅仅通过吸气或呼气来上升或下沉，最终变成你置身其中的水体的一部分。

而且你正在飞越的是一片不存在于陆地之上的领域：美丽绝伦、拥有充满异域风情的山峰和峡谷。作为一名设计师，我当然会痴迷于海水中充溢的大量颜色、图案和材质。为了抓拍一只快速游行的海葵，我耗费了整整一罐氧气，只为了把它的美带回家。水里有太多的东西需要探索——洞穴、礁石、露头石。我以狂喜之姿在潜水完成后冒出水面，而我的头脑和灵魂却仍然沉浸于大海的宏伟之中，关于这点，无须赘述。

你们能想象得到，扩展设计调色盘的机会对我来说具有多大的诱惑力，当然发现最陌生的生物群落的机会也同样诱人。十分明显的是，乘坐私人游艇出行具有一个极富魅力的优点，那就是你可以前往原本不可能抵达的地方，进入那些乘坐商业飞机或客轮几乎不可能抵达而且超乎想象的地方。有一次我和斯科特与朋友去斐济潜水时，我们发现自己正在靠近一个一年多里从未有"外人"踏足的小岛。抵达后，我们观察了一种仪式。在准许我们登岸后，小岛的酋长邀请我们参加一种称为"sevusevu"的欢迎仪式，其中包括送上一些卡瓦根（kava root），这是一种表示尊重的传统。另外，卡瓦根可以酿造一种看起来非常恐怖的酒水。喝了后，会让人产生一种轻微的幻觉，这对在仪式上相互打趣非常重要。在接受我们之后，这个部落便载歌载舞地对我们表示欢迎。我们之中从未有人经历过此类迎宾仪式。我喜欢潜水，它所带来的视觉盛宴以各种方式渗入我的所作所为。但正是这种共同的社群特点，即暂时相信我们是真正的兄弟姐妹的机会，才是我最珍视的东西。

此外，各种物品的收集也使得我们能够将这种社群精神带回家，并让我了解收藏的方法。我们去过的许多地方都出产一些特别而本土的工艺品，可能是雕刻品、贝雕、陶器、纺织品或更大更精美的工艺品。我所选择的物品当然是美丽的，特别的，但让它们具有吸引力的关键是它们与当地的一种联系。这种联系既指一个特定地方的体验，也指我对那些向我介绍其作品的手工艺者和创造者产生的感情。如我所说，对我而言，设计就是讲述故事，无论是为我自己的住宅收藏物品，抑或是建议某位客户购买一种物品，我都不会赞成失去意义的装饰。进入家中——一个真正的家——的任何物品都应该是居住者的个人故事的一部分，是能够为一个有关美满生活的故事增添细节和纹理的东西。

我知道，乘坐潜水船前往异域旅行可能看起来专属于那些特权阶级。但我们的旅行总是为了追求冒险精神、美学和知识积累以及非常重要的个人启迪。我们收集的物品既非战利品，也非纪念品，而是标志以及与住在鲻鱼湖畔时拍摄的那些黑白相片所产生的共鸣。

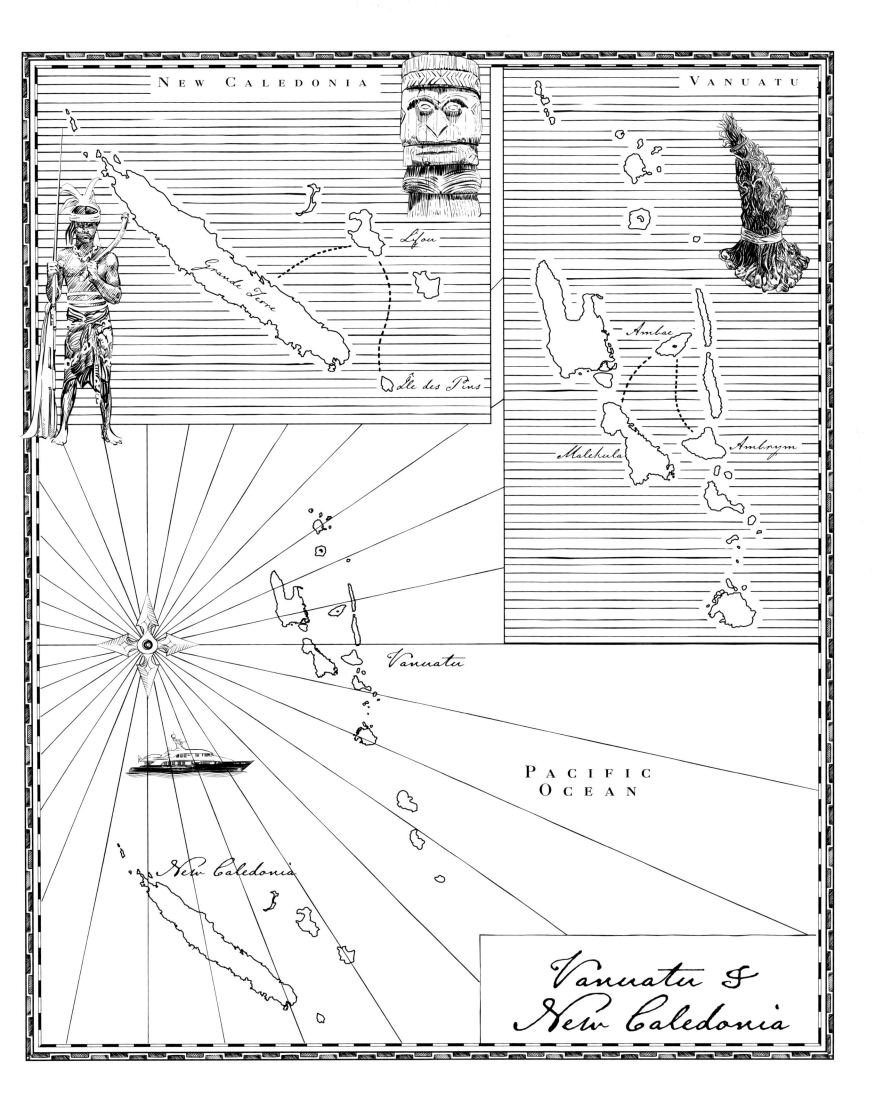

NEW CALEDONIA

VANUATU

Lifou

Grande Terre

Île des Pins

Ambae

Malekula

Ambrym

Vanuatu

PACIFIC
OCEAN

New Caledonia

*Vanuatu &
New Caledonia*

滨海度假屋

这座圣巴巴拉住宅位于太平洋海岸线一处较低的断崖之上，从开始到竣工历时近八年，而且极大地受益于我年复一年积累的知识。

这里的居民是那些同时喜爱筑巢的乐趣和远程旅行的人们。因此，加利福尼亚州的中心海岸是扎根的一个绝佳场所。它既是独特的，又是永恒的，具有强烈的地方感，同时又具有一种暗示多种环境的暂时特征。幸运的是，这里拥有修建一座杂乱结构的空间，因为这座住房将成为多代同堂的地方。我总是发现，当拥有逃避的空间时，统一性总是最合适的设计特征。

我们希望这个结构能够反映一栋传统加利福尼亚牧场住宅的悠闲特征，有着低矮的屋顶和屋顶窗，采用板条结构，建筑的尾端开放，以表示这个地方是后来陆续增建的。通过对比，我发现，这座悠闲的海滩住宅将包含一系列精美的艺术品和照片以及精致的家具和物品。本土元素和精美元素彼此包容，在一种轻松的状态下共存，这种二分法蕴含了激活室内空间的关键。

由于住宅的所有东西都需要重新采购，我和客户决定在设计初期就从头开始搜集藏品，这将有助于建立住宅的独特特征。为达到这个目的，我们一举采购了近 30 个多种颜色的印英式灯笼。我们将灯笼挂在其中一个临池凉亭式结构中，它们的优雅高贵、异国风味和欢快特征将整体氛围提升至完美。每当你打开灯，就像置身于一场宴会——根本无需气球。

对页和前几页：临池小屋采用板条墙体和加利福尼亚农场风格的裸梁、配置柚木细工家具和定制柚木台球桌、手工冲浪板以及一系列我和客户在纽约发现的仿古印英式灯笼。上：艾伯特·吉巴拉创作的一对大型青铜壁泉坐落在入口庭院中。

回收柚木水池凉亭是在巴厘岛手工制作的，以产生一种不同于住房中加利福尼亚木制品的特征。一个老挝仿古雨伞竖和一个现代上漆中式餐柜营造了一种异域风情。

右：在客厅的长廊中，琼·米切尔创作的一幅油画——少数一流艺术品之一——因休闲的滨海区背景而更加迷人。

后几页：塞西莉·布朗创作的一幅绘画在混合了仿古和复制家具的客厅中非常醒目（房间的另一头还有一个壁炉）。安装了软垫的家具营造的轻松氛围与本土建筑形成了迷人的对比。

对页和上图：丹麦陶瓷制品设计大师安瑟尔·萨托设计的陶瓷藏品将从客厅经由走廊看向正式用餐区的视野分出了层次，走廊悬挂的一幅詹姆斯·罗森奎斯特创作的油画吸引着访客的眼球。一盏现代镀金吊灯悬挂在一张·17 世纪法式餐桌上方。

上图和对页：一条从餐厅穿越走廊前往客厅的横轴将前花园与屋后草地和海景连接起来、并营造出一种光线、空间和开放性交融的感觉——加利福尼亚的人们以一种极其放松的方式生活着。

上图和对页：厨房恰好位于可俯瞰房屋正门的休闲区，并采用浅色胡桃木
作为装饰。我们利用切割马赛克绿色蛇纹石制作厨房工作台面和防溅板。

上图和对页：厨房与休闲餐区连接，采用几乎全高的框格窗，提供了 180 度的太平洋海景。仿古法式铁艺吊灯带有生锈的粗糙金属薄片。

左图和后几页：镶贴木面板的温馨书房与客厅的一头相连，里面包括来自不同时期和文明的物品和藏品。展品有藏族帽、非洲雕像和盒子，还有放在一张雅克·阿德耐特设计的包牛皮纸桌子上的罗伯特·格雷汉姆青铜像，以及荷兰装饰派半圆靠背椅。

右面和次页：二楼的主套房可俯瞰水面。
房中有一个仿古叙利亚珍珠母箱子，箱
子子位于床尾，里面放电视机。

上：一张阿尔萨斯雕刻松木桌案、两盏西班牙石膏烛台灯和一面摄政风格镜子点缀着通往主套房的入口。**对页**：居住者在土耳其之行中发现的一对别具一格的彩色木门构成了前往客房区的入口，而客房区则安装了一系列精心雕刻的摩洛哥灯笼。

在一套客房中,一张仿古印英四柱床放置在一块现代土耳其地毯上。大型抽象油画是朱迪斯·多尔尼克的作品,它原本是著名的加利福尼亚装饰者迈克尔·泰勒在1970年为一名客户购买的。

客房客厅配置多面石膏底镜子和一盏吊灯，它们均来自阿根廷。这座充满了各种珍宝的住宅中有我最喜欢的两件物品——一对来自已经解散的著名巴纳姆＆贝利马戏团的大象脚凳。

CARTOGRAPHY & AUTHENTICITY

绘图学和真实性

如你们所知，我的许多旅行都非同寻常，我在旅居期间发现的物品和工艺品可能会因其独特性而令人吃惊。就像在许多旅行中我前往的都是非常熟悉的目的地，我在这些地方所遇见的照片和家具也是我所熟悉的。然而，无论我身处地图上的任何角落，我总是在搜寻具有以下三种特征的事物：它们必须是某个地方真正存在的东西；它们必须真实地反映这个地方；最重要的是，它们的特定真实特征必须适合我计划安装它们的新场所。

某个地方特有的东西又怎么可能不具有代表它的特征呢？我用食物来打个恰当的比方。你能在罗马找到美味的寿司，但它们之间实际上是如何产生联系的？它们可能共存，但这个事实并不会让寿司"罗马化"。同样的思维模式可以应用在我引进室内空间的物体中。它们是为了延伸设计规划的更长故事或增加可称为次要情节的东西，但如果它们不是真实的，不是其来源的如实表达，那么这些物品讲述的故事将会是错误的，甚至令人误解。它们可能"看起来"没问题，但会损坏它们所在的房间的真实性，因此，这些空间将永远不会令人感到非常舒适。

真实的挑战因为经常提到且无疑非常重要的事实而变得更加复杂。这种事实指随着地球村的建立，越来越难找到那些在现实中得到如实表现的事物。这使得真正的事物愈加重要，仅仅因为它本身更加重要。因此，当我发现一种源自本土传统并反映这种传统的事物时，无论是在德克萨斯州还是塔西提岛，我都会珍爱它，并确保这个物品找到合适的位置。

我的设计工作室在加利福尼亚中海岸创造了一栋海滨别墅。这座别墅具有两个反映了融合真实性和绘图法的有趣案例，其中之一是我们发现的，另一个是我们创造的。前者包括我的客户在远东发现（并在我的恭贺声中购买）的一扇精美的手工门。我们将这扇门用作进入这座滨海别墅客房区的大门。因为当地建筑规范禁止我们修建一栋独立建筑，所以客房之间必须连接起来；然而，我们仍然希望它们给人一种罕见、特别的感觉。因此，客房区是通过一个全玻璃结构"连字符"前往的。这个"连字符"跨越一条小溪。在小溪的尽头，我们安装了这扇充满异域风情的彩色大门，引进了一种本土的、装饰性的新体验。我本可以在那里安装一扇实心门，同样也能充分满足需求。但引进一件特别的手工艺品——一种在原产地象征探险之门的东西，会让客户的留宿者感觉他们正在进行一场旅行。

我承认，第二个元素，也就是我们自己创造的那个元素，给我一种特别的满足感。它是一个露天临水凉亭，为了给予它所在的花园部分一种独特的、富有些许魔力的特征，并使其不同于这个占地2公顷的房产上的其他一切事物，我们在印度尼西亚按照我的设计进行了手工定制。施工非常复杂，因为我们必须在南加利福尼亚制作这个结构的不锈钢焊接框架（为了遵守当地防震规范）。框架完成后便被运送至印度尼西亚，在那里，装配工把它塞入柚木外层结构中，然后再进行拆解并运回现场。

没错，我们可以聘请具有同样才能的加利福尼亚木工建造这座凉亭，因为他们制作了这里的厨房橱柜和其他元素。但如果真如此，它会给人一种与房屋的其他部分相似的感觉，这个结构将不会因为真实而令人敬畏。如今，它是一座印度尼西亚临池凉亭，而不是一座采用印度尼西亚风格的加利福尼亚建筑。而这一点让一切变得有所不同。

游艇SLOJO

Slojo 是我的工作室与德尔塔造船公司 (Delta Marine) 合作设计的第一艘定制游艇。它融合了两种功能，一种与寻宝相关，另一种与家庭娱乐相关。我的客户们包括全球游民兼狂热的收藏家，他们几十年来一直在世界上最具异域风情的停靠港收集各种物品，并在自己的家中进行展示。有了 Slojo，他们能将旅行、收藏和展示的功能同时集中于一栋反映了本身处于在途状态的移动住宅中。

它听起来很奢华，但这座 47.5 米长的游艇实际上非常简朴，反映了它作为水肺潜水运输工具的主要功能。Slojo 当然是按照最准确的规范制造的，它的直接功能采用复杂紧密的系统进行支持。但大部分乐趣在于，我和客户们花费大量时间驾驶各种类似游艇，并分析它们的布局和设施。我们"试航"了许多想法之后才将之付诸实践。

关于室内空间，我们放弃了当时占据游艇世界的受欧洲影响的极简主义风格，偏向一种更加柔和、更加永久的方案。因为我和客户在设计构思过程中一起走遍了非洲很多地方，所以非洲大陆生产的织物的图形被融入了地毯、窗帘和饰面中。因为 Slojo 是一艘家庭游艇，其空间设计得更加紧凑。我们将重点放在与友谊的快乐相关的仪式上，并将海面之上和之下的世界融入了进去。

Slojo 是一个既受益于我的游艇体验同时又增加了这种体验的项目。我非常感激这次极其特别的设计机会，此外，我也感谢客户的慷慨解囊，让我拥有了这次享受设计成果的机会。

前几页：后甲板底层配置了一套舒适、简单布置的柚木家具。理石台面的柱脚桌是为该游艇专门定制的，固定在甲板上，但可以通过移动来利用太阳运行轨迹。**左、上和次页**：主客厅专门设计的纺织地毯、窗帘和衬垫都采用源自传统非洲织物的抽象图案。一对唐朝赤陶神兽守护着进入客厅的入口。书架展示了游艇所有者不断增加的非洲和大洋洲收藏品。特别的鸡尾酒桌上摆着类似乌龟形象的雕塑。

餐厅与主客厅相邻，里面的一张现代桌周围布置了几把让·米切尔·弗兰克式椅。房间之间的入口两边各设置了一个经过修复并翻新以收藏银器的藏式上漆柜橱。

对页: 餐厅的藏式上漆橱柜是我和客户去香港购物时发现的。上: 楼梯井安装安丽格木面板、不锈钢扶手和定制地毯, 它们均由我的工作室设计。其中许多物品都是在探索中发现的, 包括一对 8 世纪的赤土陶神兽以及一个来自新几内亚的勇士盾牌。

前几页: 主套房铺一张非洲风格的手工纺织丝绸地毯, 笔架上挂着几支收藏的毛笔, 一张现代上漆斑木凳被用作鸡尾酒桌。**右:** 有纹理的玛瑙石板突出了主套房浴室。梳妆台上摆放着几件仿古珠宝和一个藏式臂袖。

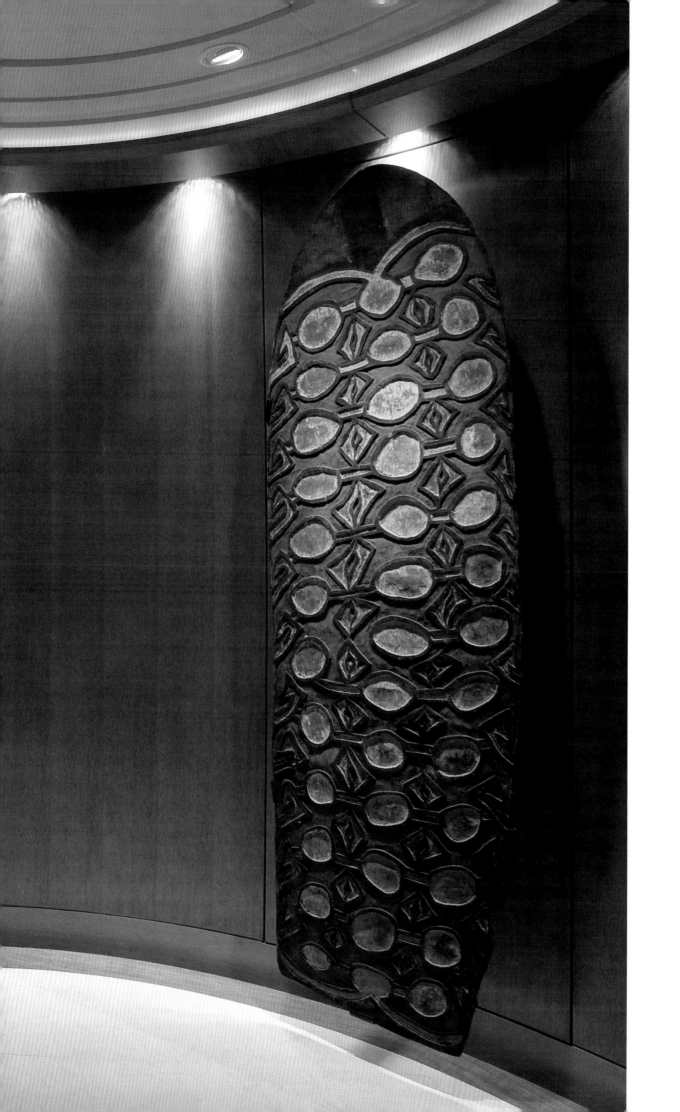

前几页：在通往四套客房的半圆形入口处，唯一的装饰品是一个大洋洲勇士盾牌。
左：客房的优雅掩饰了它的功能——镜子后面隐藏着一台大屏电视，而储藏空间藏在编织马鬃包面的墙体后。床边（上）的银制浮雕是印度教主神毗湿奴。

前几页、上和右: Slojo 的天空酒廊以莫桑比克式面板装饰、配圆角饰边。
银底座烛台是用从非洲收集的抛光条纹羚角制作的、而两幅极其珍贵的
古油画描述的是夜间的庞贝古城遗址。后几页: 我的工作室设计了躺椅以
及落地灯、两者成为了甲板上重复出现的元素。

为何游艇很重要

请允许我说出我的一个尽管看起来有违事实但绝对准确的发现：游艇最大的优点是，它是乔装成房屋的机器。不过从本质上看，它实际上是一座酒店。那么，这意味着什么？它与陆地建筑的室内设计有何关联？

豪华游艇这个概念的核心是"游艇服务"，从本质和必要性看，它必须能匹及您入住世界级精美酒店所期待的服务。在某种程度上，游艇服务包括诸如在你头脑中浮现想要喝杯酒的念头时，有人为你送上杜松子酒和奎宁水。但更重要的是，这种优美的幕间芭蕾舞不能中断，以让在这种原本狭窄的系列空间中的生活更加自然，甚至是流畅。比如，假如你在早上离开卧舱去用早餐，半小时后回来时会发现床铺已经整理好，所有一切都已一尘不染。服务员如何在走廊避开被人看到推着真空吸尘器和干净的亚麻制品的前提下进出你的卧舱？答案就隐藏在那面假墙后的空间里。假墙后有一个衣柜，里面储藏所有必要的维护和备用材料，而且游艇上的每个套房都配置了类似设施。

当然，这代表一种极高的服务水平。但它也是一个绝佳的设计机会，让我既兴奋又惊讶。一个简单的事实是，在一艘可能离开母港长达三个月之久的远洋游艇上，旅行可能所需的一切（除了生鲜食品外）都必须储备、适航和稳固。这需要进行无数的计算，既要考虑应在游艇上储备多少稻米或面粉（存放在何处、如何保鲜），还要虑及准备多少套餐具和瓷器，以保证用餐时段为宾客们提供连续的服务。当游艇停靠时，如何避免乘客受到发动机的震动和噪音（和气味）的烦扰？在我设计的一艘游艇上（如同以往，与主要造船商合作），所有室内结构都在底部加装橡皮垫，而且在这些加了橡皮垫的房间内，所有东西也都加了橡皮垫。

对于像我这样热爱系统的人们而言，游艇设计是一个涅槃的过程，其中包括服务、维护、安全、储存和更多其他系统。它们必须既完全地彼此融合，又应可独立操作，相互隔离。因此，尽管相对游艇的整体造价而言，室内设计预算相对短缺，但它的工艺水平却远超陆地项目中普遍适用的标准。事实上，只有专业的游艇制造公司才能制作游艇木制品和家具。举个恰当的例子：我要求以圆角饰边为设计图案的游艇酒廊采用斑纹木面板。在陆地上，我们只是将四块木片插入一个结合点。然而，对于游艇项目，这四块木片却必须用鸠尾榫结合，然后再用机用螺钉加固——而这只是一个配件。这艘超级游艇是一栋面积达 929平方米的房屋，它能够提供优质周到的服务，同时还能带你前往世界的任何地方，即便遭遇飓风也不会损坏一块玻璃。当你想到这一点时，你实际上正在谈论的事件相当于建造一个约 46 米长、有 4 层高的非常精美的计时装置。

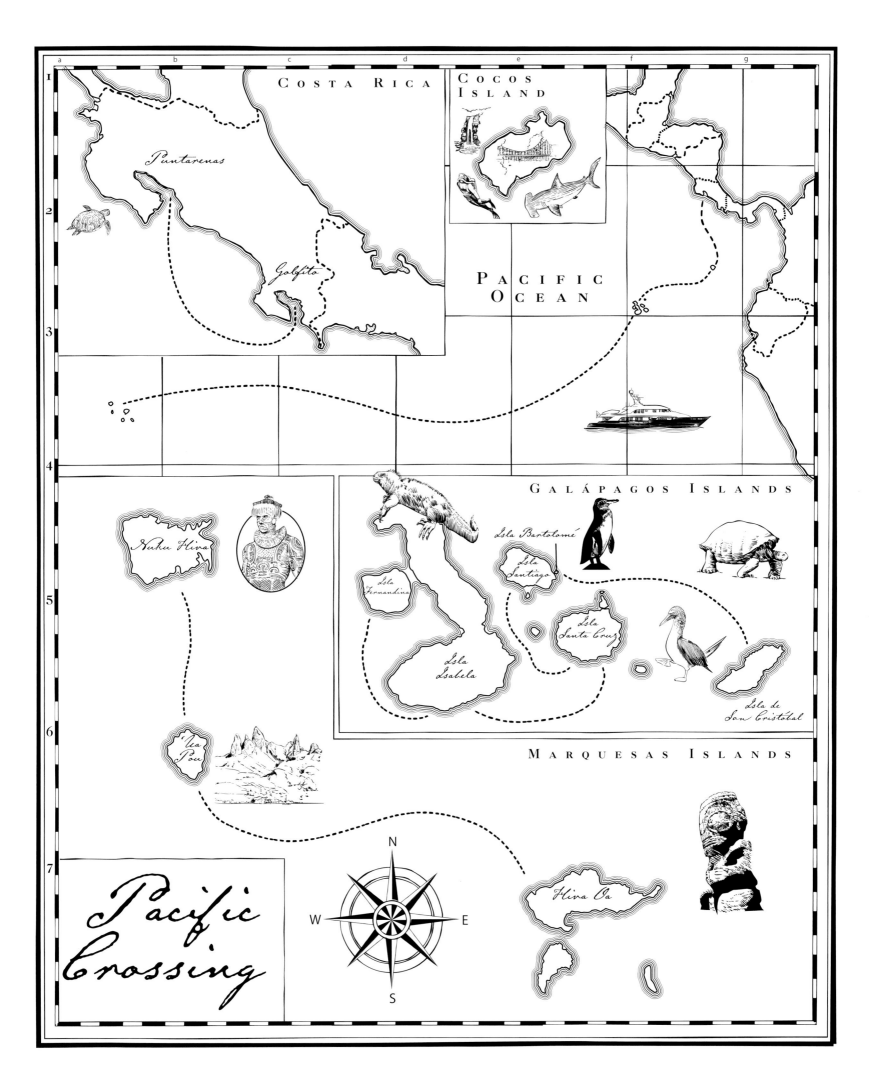

COSTA RICA

COCOS ISLAND

Puntarenas

Golfito

PACIFIC OCEAN

GALÁPAGOS ISLANDS

Nuku Hiva

Isla Bartolomé

Isla Santiago

Isla Fernandina

Isla Santa Cruz

Isla Isabela

Isla de San Cristóbal

Ua Pou

MARQUESAS ISLANDS

Pacific Crossing

N
W   E
S

Hiva Oa

以我的经验看，无论从事何种职业，遇到非常具体的挑战对一个人的整体能力都会产生积极的影响，而事实证明我在设计游艇时也遭遇了相同的情形。慢慢地，我发现自己在为客户创造具有复杂的规划、需要大量后勤支持的住宅。如何让它们不仅漂亮、适宜居住，同时又能满足极高的要求，需要我发挥越来越多的创造性想象力。

这可能极其简单，就像确保六名员工能够为一整栋房屋提供服务，同时又避免他们的出现显得突兀，也可能非常复杂，如同让一个价值数百万美元的项目显得像一座海边小屋一样朴素和随便。实际上，对于一座这样的"海边小屋"，我遇到了两个极其艰巨的挑战。第一个涉及安装一个暖通系统，以允许我的客户无需考虑变化的气候条件，随时打开大门迎向海风，且不用担心此举会对他们收藏的世界级艺术品造成环境性影响。非常矛盾的是，另一个挑战与噪音控制相关。尽管住房俯视太平洋，但舒缓的海浪声仍然清晰可闻，置身室内几乎相当于住在一条主干道的旁边，会间歇性地受到交通噪音的干扰。对此的解决方案是安装一系列仔细定位的露天扩音器。扩音器能够捕捉传播至海滩和住宅的声波，然后通过隐藏式扬声器将它们传导至房屋中，这样一来，在交通繁忙时段，自然声音会被自动放大，而交通噪音则相对减轻。

作为芝加哥的繁荣剧院文化的忠实拥护者，我无比清楚地知道，一种庄严的舞台氛围的魅力如何被一声舞台外的巨响或一位舞台工作人员的无意出现而轻易地破坏。同样，我最喜爱的莫过于委托工匠实现我的定制家具设计，周游世界寻找漂亮、常见的装饰品，只选择合适的衬垫物，或建议一位客户购买一幅绘画。但我知道，如果我不能花费同样的时间用于精心地制作那些隐藏的东西，即便是最漂亮的室内设计也可能受损。我对自己拥有这样的能力而骄傲，同时我也需要感谢那些令人耗费脑细胞的游艇设计挑战。

滨湖酒店

我经常将游艇描述为伪装成房屋的机器，它同时也是酒店和餐馆。这个项目坐落在密歇根州大急流城的一个湖畔，将它比喻成一座陆上游艇可能是最准确的描述。

实际上，它是一座房屋的独立扩建结构，专门为招待客人而设计的。我的客户频频招待访客，而且往往宾客盈门，这既是为了生意所需，也是为了娱乐。他们是高档美食和美酒的真正行家。因此，他们希望修建一个家庭版私人俱乐部，用一种真正礼貌的方式接待宾客，提供便利。

作为游艇粉丝，他们认为，如果配置合适的基础设施，在一个有限的空间里能够提供高质量的住宿条件。考虑到这一点，他们同意我们采用游艇项目的原则，以创造一个具有温馨的住宅特征的凉亭结构，但同时也在其中融入第二个层次的高级功能。

扩建结构的样式与主屋相似，实际上有点儿像流线型的大草原。然而这可能是该建筑唯一不变的特征。大房间可布置成容纳十来个人用餐的空间，或在搬走客厅家具后举办可容纳50人以上的宴会。一部货梯方便了楼层之间的家具搬运。这部电梯同时也在毗邻大房间的专门设计的开放厨房和下面楼层的技术级装置之间建立了联系。酒吧的背景能与你所见过的最优雅的环境媲美，再加上两套客房便构成了整个规划。

你不能扬起船帆，没错。但就像在一艘精心设计的轮船上，大多数需求都已经被给予了充分的考虑，且满足这些需求的一切事物均已完美地准备就绪。

上页、左、上和次页：大房间的风格与主屋的"现代大草原"风格相似，采用朴素的石材壁炉、手锯胡桃木地板和白松木天花。家具可通过一台快速货梯搬走，房间可重新布置，以容纳可供60人同时用餐的晚宴。青铜饰面锁子甲门帘将这个空间与相邻厨房隔离开来。油彩和金箔绘画是辛西娅·卢瑟福的作品。

前几页：酒吧采用背光缟玛瑙面板、人工吹制玻璃灯具以及压线缝合皮革包覆的天花面板。上及对页：冷藏的钢玻酒柜将定制手工不锈钢厨房与酒吧分开。房间最里面的门通向一台快速货梯，而电梯则与楼下更加朴实的服务厨房和餐具室相连接。

前几页、上、对页和次页：客房采用丝绸地毯、手工编织马鬃墙饰和手绣
布料。令人惊讶的细节有：一张由艺术家吉姆·齐维奇设计的咖啡桌——
用一块无烟煤制作而成的。

QUALITY & DICHOTOMY

品质和两分法

如果我必须选择两个，而且只能选择两个最能代表我的设计方案的特征，我会选择自己对相互对立的事物的兴趣，和喜欢走极端的倾向。

关于后者，我想它是我的父母通过那种令人不喜欢却重要的秘方——"值得做的事值得做好"——向我灌输的。孩童时期的我很讨厌听到这句话，但它们是我迄今以来一直坚守的原则。我总是过分地一再挑战极限。举个例子，在我确定自己喜欢水肺潜水后，我便陷了进去，到今天已经进行过 500 多次潜水。如果不愿意挑战极限，那么追求完美或体验就毫无意义，我将这种信念带到了私人和工作领域。

极端主义自然与我喜欢对立事物具有密切的关系，而且两者紧密地相互交缠。同样，从高度机械化和多样化有机性，以及精华中的精华与基本和普通的对比中，我也受到了启发。我的工作室坚持不懈地用看似朴实、自然和必然的方法将它们融合起来。

幸运的是，我对复杂性毫不畏惧，反而会受其鼓舞。我们的大多数项目都由大量相互依赖的技术支持，而我的工作室对它们进行了全面探索。我们从未在任何时刻说过"够了"。这是因为设计过程实际上就像剥洋葱：剥开一层，还有一层，每一层都揭露出更加迷人的细节。

有趣的是，创造完美的技术支持系统以及寻找理想的手工艺品、家具或绘画所用的方法非常相似，两者都需要采用一种系统性的方法。人们经常对我在旅行中发现的东西的独特性和多样性进行评论，但实际上我的每次旅行都经过了细致周到的计划和组织，以方便我接触那些我喜爱的极其特别的物品。与此相似，如需为一位客户采购一批艺术品和古董，如果你愿意，那么寻找这些物品就需要进行调查、记录和关系构建。这是一个追求美的系统。以前，做这件事可能更加困难：你得打电话联

系世界各地的经销商和收藏家，向他们说明你想要的东西，然后在几个星期之后收到一包一次成照相片。今天，我能上网搜索全球美学数据库，输入规格、配件、木材种类以及风格，只需几分钟就能获得最好的五个可用选择。点击鼠标，几天后，我要寻找的那个东西便能通过航运送到我的工作室。但今天如同过去一样，创造一个巧妙、雅致且让人感觉浑然一体的室内空间需要投入大量的精力。

我幸运地遇到一群同我一样追求完美的客户。我一直觉得有趣的一个现象是，尽管这些客户有所不同——有些是坚定勤奋的艺术收藏家，还有些是花费几十年时间搜寻珍贵的录音带和线谱的投机音乐家——他们都因为对品质的痴迷而团结起来。我所面临的挑战是将每个个人的兴趣与一种对设计的同等热情连接起来，建立一种将成为一个突破口的联系。实际上，我的专业武器库中的一个重要武器是，产生一种在其他项目工作时所拥有的热情的能力。如果你读到了这里，你会知道我热爱我的工作，而且自以为擅长这份工作，但我从未忘记的是，无论如何都没有人真正需要一个大型、多层次的室内设计项目。因此，我花费大量时间用于激发客户的欲望——以想象、热情并在最高层次参与设计的欲望。

没错，这个过程中有一点儿强迫元素——毕竟我是一个不做好回程打算就不离开自己的房屋的人。但在工作中，无论是拼接一间将改善一栋房屋的各个方面的不规则地下"情景室"，还是在抽屉里创造一个存放沙拉餐叉的餐具篮，我总能找到一种令人非常满足的乐趣。就像那些喜欢剧院的人们一样，我总是认为在一个无缝融合的作品背后，存在大量各种配件，每个配件都需要无限的耐心以及无数的决策，最后才能做到合适。这一点贯穿我所做的一切，而且当房主看到成品时，我感到的是那种满足无比的甜蜜。

威尼斯海滩别墅

明白人生旅程如同周游世界之旅一样充满各种意外，且不需要拥有哲学家的智慧。这栋别墅位于加利福尼亚州威尼斯海滨社区，距离太平洋不远，充分地体现了这种真理。它是一对离异夫妻为了修复婚姻关系而建的，因此，从个人和美学角度来看，它都是一座意味着团聚的桥梁。

该别墅本身是恢复亲密关系的理想场所。房屋的 H 型平面以及俯瞰宁静的内部花园的侧翼结构形成了一个隐蔽、安静的绿洲。这个地方是一名建筑作家设计的，表现了其对细节具有的独到眼光，以及经过细心照料和事先规划的整体体验。最重要的是，这座住宅为展示这对夫妻之前独自或共同收藏的很多物品提供了机会，并创造了重新开始的基础。

事实上，之前为这对夫妻设计几栋住宅时，我和他们搜集了一些物品。这些物品后来成了他们的核心收藏品。从某方面看，这些物品如同主人一样，几乎以相同的方式再次重聚。我非常高兴地将这些元素重新编织起来，以纪念他们之前共同度过的生活，并以出人意料的方式再续他们美好的交往关系。整体设计方案呈现简单和随意的风格，非常适合海滩背景，很好地烘托出了建筑的严肃。

作为一名设计师，即便项目如同一枚崭新的硬币，我也试图在其中创造历史叠加的感觉。在这座别墅中，我获得了一个截然不同的宝贵机会：利用一个从复杂的过去恢复的东西创造一种全新的视角，并在这个过程中开辟一条未来之路。

前几页：入口布置了一个 20 世纪 70 年代的青铜桌案、一条皮毛覆面的长凳和一盏用玻璃和绳制作的吊灯。L 型客厅兼餐厅开向一个掩映在木兰树下的封闭内部庭院。上：一扇以木材和青铜制作的谷仓门。对页：延斯·里瑟姆设计的仿古胡桃木上漆石灰华台面桌案上摆放非洲工艺品，包括三根手杖。

右：在客厅的一角，我们将一块泰国大型雕刻柚木板改装成一扇伸缩门，后面放一个大电影屏幕。次页：餐厅配一张来自泰国的现代上漆桌、玛丽安杰利斯·所托 - 迪亚兹创作的大幅油画以及一块中国古代乳房状灵石。

右和上：客厅与厨房相邻，配置丹麦中世纪风格的包树莓布料餐椅、一幅现代乌卢鲁土著绘画以及一个以珠饰和头盖骨装饰的半身像。

对页和上：早餐区在厨房外面的主楼梯脚下，采用铅白处理的橡木、彩色混凝土地面和不锈钢工作台面。次页：楼上走廊俯瞰庭院，一头是主套房，另一头有一个书房和两套客房。嵌入式桌案上方有几个藏式磬和一个非洲面具。走廊尽头的早期丹麦现代主义橱柜是用拉菲亚木、胡桃木和青铜制作的。

左：主套房浴室有一个柱式巴格文明鸟头和装饰派手工编织地毯。一张现代桌是用一座仿古印度理石象制作的。其悬挂的三只灯笼是波斯风格。**次页**：主套房配置一张青铜四柱床、一个柱式约鲁巴串珠皇冠和一张柏高·佩里格林拍摄的照片。

选修亚洲

设计界过度使用、频繁滥用的最常见形容词之一是"亚洲的"。它既包含一切又毫无意义。对某些装饰者而言，一种亚洲室内设计意味着通过广泛调研和周密思考对古董、织物和饰面进行细心的组织。对其他装饰者来说，它意味着一次参观家具展厅的旅行。鉴于这种情形，我很难将亚洲设计——或者说亚洲本身——想象成一个单一的、不可区分的整体。

然而，虽然我和斯科特去过香港和中国的多个其他地方，还有新加坡、缅甸和泰国，但至今为止，我的旅行一直相对狭隘。然而，对这些不同文明的浅显了解却让我对亚洲艺术和设计有了更深的理解。我发现，普遍可见的是，东方的工匠们不会因层次或复杂性或需要花费大量时间创造一个单一的小物件的可能而畏缩不前。这并不意味着亚洲艺术品复杂、苛刻或难以理解。完全相反的是，它更多地反映一种思想，那就是简单是获得一种积极结果的唯一方法。在我看来，这是一种值得带回西方的良好经验。

我的首次中国之行始于北京，行走的是一条极为普通的包括参观博物馆和文化景点的旅游路线，因为这真的是游览中国历史遗迹的唯一方法。我们在长城体会到了久远的情感共鸣；参观了秦始皇的陵墓，这位统一中国的首位皇帝位于令人叹为观止的约 8000 个兵马俑的保护之下；还在"熊猫研究中心"待了一天，在那里我们得以与两只小熊猫互动，这是一件近似超现实主义的神奇事件。最后，我们从上海离开，那是一座有着"东方巴黎"之称的城市，以充满诱惑的方式融合了历史和现代、东方和西方元素。乘坐摩托车从一个区前往另一个区，我们几乎没有发现任何值得收藏的东西。所见的大多数物品都是商业化产品，而在中国制造和"中国制造"的物品是有差别的。

后来的旅行使我能够看穿显而易见的表面，其中最值得记忆的是缅甸之旅，部分是因为它给人一种非常神秘、远离现代世界的感觉。最特别的目的地要数北部的茵莱湖，在那里我们遇见了一个漂浮部落，在过去的 800 年里，他们一直在水上耕种。这是一个类似原始威尼斯的地方。奇怪的是，没有人能够合理地解释这是如何发生的。我和斯科特猜测，这个部落的故事可能与秘鲁提提卡卡湖上的部落相似，都是为了躲避敌人而从陆地转移到水上。或者，因为茵莱湖四面环绕着非常险峻的高山，这里几乎没有可耕种的土地，所以这个水上部落也可能是迫于生存所需而形成的。

无论是哪种情况，我都感觉茵莱湖是一个机会主义设计的特别展示。它展示了最具创意的解决方案为什么通常源于对现有条件的准确反映。我们花了数天时间观察他们居于其上的手工圆木，观望渔民撒网，他们以一条腿为支撑、同时用另一条腿划船，动作如芭蕾舞似的优雅；观看与环境不协调的挂在竹竿上的高压电线(希望老天帮助那里的电工们)；还体会了织布之家的雅致和宁静。

从那离开后,我们前往曼德勒地区的另一座被称为蒲甘的古城。我们在拂晓时分乘坐气球漂浮在广阔的平原上方,下面是寺庙、修道院、佛塔和舍利塔。这些古老的建筑建于 11 世纪和 13 世纪,是蒲甘的标志性建筑。柬埔寨北部位于印度正东方,那里的建筑(我们开始陆地调查后)实际上采用了富有魅力的混合风格,受到了南亚和东南亚地区的影响。

我在缅甸也收藏了不少东西。我的工作室创作的几乎所有室内设计中,有四分之一至三分之一都是定制的,部分是为了给一位客户打造特定的项目,同时也因为设计和建造我头脑中构想的东西往往要比从市场上搜寻更加容易。我经常说我的设计受到外部因素的启发、内部因素的驱动。然而,如果你发现的物品非常特别、适合居住者和整体设计目的且背后隐藏着有趣的故事的话,巧妙地突出一个房间也会产生特别的乐趣。在缅甸,我最重要的发现是一个制作非常轻巧的水纹装饰漆器的车库式工作室。在亲眼目睹制作者制作了一件漆器后,我对用于塑形的编织芦苇的柔软感到震惊。成品既令人惊讶的牢固,又赏心悦目地精美,恰能用以用以突出一个空间的对立感。

缅甸之行也让我心中产生了一个有趣的疑问,这个疑问与茵莱湖和蒲甘的差别相关。在茵莱湖,人们在原本没有部落的地方创建了一个部落——实际上,这里不应有一个部落——而且形成了一种丰富、复杂、美丽而特别的文化。而在蒲甘,土著部落被迁移了出去,所有人都搬走了,以将那些历史遗迹作为一种建筑或文化博物馆来进行保护,然而这里却失去日常生活的人类生气。对我来说,这种对比表现了设计面临的一个重要挑战。如何创造一个具有多层功能结构的室内空间同时在其中体现美学并支持各种功能?如何将漂亮的物品引进一栋住宅同时又避免将它变成一座博物馆,而且借此将美丽与日常生活的生气融合起来?

显然,这次旅行让我开始从不同角度思考问题。但这对我来说正是旅行最美妙的地方。旅行让人觉得,无论你去哪儿,也无论你去了多少次,你只是看到了它的表面。到今天,我可能已经去过那个地方十次,但如果你问我是否成了亚洲通,我会告诉你我对亚洲知之甚少。我不知道还需再去多少次才能让我感觉自己变成所谓的"中国通"——这个称号很适合我。

Southeast Asia

MYANMAR

LAOS

Bagan

Inle Lake

Chiang Mai

BAY OF
BENGAL

Yangon

THAILAND

Bangkok

ANDAMAN ISLANDS

Narcondam Island

Smith Island

Outram Island

Barren Island

Havelock Island

ANDAMAN SEA

South Andaman

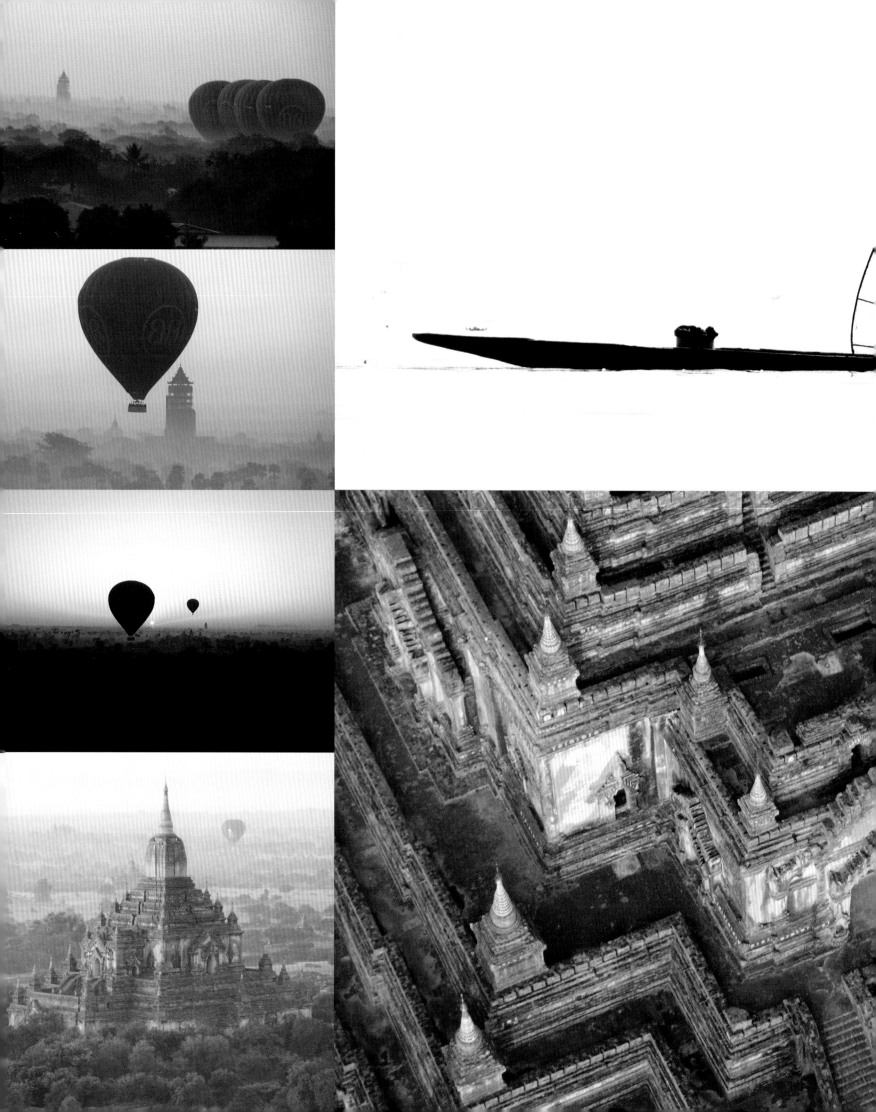

林肯公园顶层公寓

那句永恒不变的美国颂词"没有比家更好的地方"特别适合用以描述那座成为我故乡的动态都市。而比这套林肯公园顶层公寓更适合观看芝加哥城的地方我没见过几处。弧形露台将整个公园、层次分明的水景以及密歇根大街的标志性活力囊入视野。我非常期待迎接这次创造能匹敌那种特别的芝加哥魔力的室内设计的美好挑战。

这是我的工作室为这些客户设计的第二处宅邸,而他们是具有极其特别的品味的热情收藏家。我们第一次碰面时,他们的兴趣全体现在他们所拥有的英式物品上,我的任务包括让他们的住宅变得舒适,以方便人们更好地了解他们对英国的痴爱。与此形成鲜明对比的是,这套新顶层公寓则是一块白板,我将在上面创造一系列新藏品。这些藏品将转移所有者们的热情,并可能迫使他们保持这种热情。

我们从法国新古典主义家具以及我定义为"法英中"——即法国、英国和中国——的混合系列物品着手,所有这些给这座住宅增添了一种尘世的感觉。在此基础上,我探索了民族艺术,最终发现了并了解了 20 世纪早期现代主义绘画的途径。这些绘画中许多都与芝加哥相关,因而将穿越时间和空间的室内空间与家联系了起来,而且再次燃起了客户的收藏热情。

我很高兴地告诉你们,我在一开始施加的影响如今已经完全被我的客户们接受,并且提升了他们的热情。我的工作室可能提供了炸药,但他们点燃了导火线。他们去过很多地方旅行,具有好奇心,同时又对品质具有独到的眼光,因此,他们热情地不断增加并管理他们的收藏品。这种更新的精神是我最希望一个家庭具有的东西。

前几页、左和上：这套公寓的线型走廊被一个椭圆形空间打断。椭圆形空间开向客厅，里面设置一张比德迈厄式桌、多个亚洲瓷器和一座非洲砂模铸造青铜"生命之树"。大空间拥有面向密歇根湖、林肯公园和黄金海岸的令人震惊的风景，里面布置几把 18 世纪上漆法国安乐椅、一张素色布艺沙发和几张我设计的半圆靠背椅。中国古人从墙面向下看，而一对唐朝马塑摆放在玻璃顶面鸡尾酒桌上。

前几页:(左)在客厅,一把 T. H. 罗宾逊设计的克里斯莫斯椅放在一张英式木制涂金上漆写字台边。(右)在餐厅的一头,我布置了一幅现代主义油画、一个艾康答部落酋长帽和一个法国督政府时期的理石台面桃花心木新月形矮衣柜。上:一个著名法国设计工作室巴格斯设计的三臂壁灯。对页:一盏 17 世纪的青铜吊灯悬挂在我设计的一张摄政时期风格的餐桌上方。

前几页：吧凳围绕一个石英石台面厨房岛布置。细工家具略微将这个空间与家庭娱乐室分开。一幅艾伯特·克里比尔创作的大型油画给空间增添了些活力。**上：**厨房台面采用白色石英石。**对页：**一盏波尔·亨宁森设计的吊灯悬挂在早餐厅一张萨里宁（Saarinen）桌上。

左: 主卧室布置了一个仿古瑞典古典主义上漆矮衣柜。小幅油画是 R. 勒罗伊·特纳的作品。上: 主浴室。

书房被大量普鲁士风格蓝色玻璃环绕起来。一块现代手工编织地毯上放着一把约翰·萨拉迪诺无扶手椅和一张青铜斑纹木鸡尾酒桌。一个用仿竹镀金青铜制作的爱德华式灯笼和绿色玻璃悬挂在一幅弗朗西斯·卓别林创作的绘画上方。

ORIGINALITY & SPECIFICITY

独创性和特殊性

我将要讲述一个稍微有点儿离经叛道的发现。即原创被过分夸大了。请听我解释。

许多装饰者会说，最完美的客户指那些让他们设计住宅中的一切事物，包括家具、布艺、储藏室家具、灯具、餐具等的人们。当然我也幻想过这样的工作，幻想过自己创造每一个组件。然后我想到：多无聊哇！可怜的客户会感觉他／她是住在汤姆·斯特林格的家里——一座经过设计的监狱(当然是奢华和运行良好的)。实际上，像密斯·凡·德·罗和弗兰克·劳埃德·赖特这样的大师创造过此类包罗一切的设计，并巧妙地使之变成了现实。然而，即便是他们，也变成了他们所创造的住宅的基于经验的微观管理者。虽然我自认为是一名极端主义者，矛盾的是，我不会走向极端的一件事情就是坚持原创。

事实上，我持有完全相反的观点，那就是人们在完成一个项目的过程中所获得的元素，无论是偶然得到的还是设计而得的，恰好是给住宅注入活力和原创性的东西。它们可能会打破传统而且粗犷朴实，就像工匠吉姆·齐维奇用煤块制作的桌子。或者，它们也可能有趣，比如我们布置在一个客户家客厅的巴纳姆 & 贝利马戏团的"大象脚凳"。它们具有在马戏团时相同的功能(只不过是用来搁放更加高雅的腿)。

此类"发现"也把人们更加紧紧地绑缚在他们的家中，除了增加装饰细节外，还提供了故事让人们讲述。实际上，我的工作室经常被客户要求提供有关某个房间的各种元素的"信息表"，以方便他们更加准确地表达能够让这些元素显得特别或有趣的东西。除了让家庭成员对家感到更加自豪外，实际上从个人自述中获得的乐趣也会促生了解更多和收藏更多(而且以更加广博的知识进行指导)的冲动。我能做到这一切，而且可能有一天我会去试一试。但这些特别之处，即便是在一个极其狭小、布置雅致的房间里也是非常重要的。

当然，这并不意味着我反对定制创造。我的工作室普遍遵循的一个工作模式便是首先搜集一个家庭故事的因素，然后定制能够以一种有意义的方式将它们联系起来的必要物件。在我承接的一个项目中，我当时找不到适合客厅壁炉的原木——我就是找不到任何适合这个房间的特别特征的东西，所以我联系了一位雕刻家。他回应了我的要求，找到一些老梅洛葡萄藤和夏敦埃葡萄藤，并用青铜把它们浇铸出来。这是一个极具创意且非常棒的办法，如同我们可能找到的东西一样特别和合适。

无论是搜寻的还是制造的，我所有项目的每个特征都经过了谨慎地考虑，因此也非常的特别。这产生了一种与让一栋房屋感觉受到过多管理或过紧控制相反的效果。确定一种居住体验的每个元素都得到了仔细地考虑，会让居住者感到放心并享受这种体验。对一个采用和我一样的谨慎态度的客户(举个例子)，我设计了嵌入式照明天花布置图，以确保没有一盏灯是放在两块天花板的接缝上。这对一个占地约 1115 平方米的住宅项目来说，是一个令人吃惊的举动，但这种考虑却从未让一个客户失望过。

最后一点是关键。为了实现这个照明计划，我必须找到一个像我和我的客户一样关注细节的建造者，这个建造者还应像我们一样热心地实现它，无论它的外观最终如何。即便手握马鞭进行监督，持有"哦，差不多了"的态度的建造者可能仍会失败。同样，我永远不会把我自己的执着强加给一位自己不在乎的房主。如果我这样做了，我的客户就会感觉被抢劫了，而不是得到了。相反，我和同事花费时间去了解我们的客户，特别关注他们喜爱和讨厌的东西，然后追求对他们而言具有意义的特别的完美。

就像原创本身可能变成炫耀一样，突出人们需要的东西才是最重要的，这是我从设计游艇中积累的经验。我努力做到永远不要忘记住宅是人们在其中生活的地方，与一个设计师的自负无关。

黄金海岸滨水区宅邸

我的旅行一般都是为了探索未知事物。然而，这栋南佛罗里达州宅邸却是在去一个曾经造访过多次的地方旅行时承接的。我根据客户的具体要求，娴熟地解决了众多特别的难题。

项目的启动是因为我建议这对夫妇购买一栋在建的滨水别墅。这栋别墅拥有坚固的框架、一系列漂亮的空间、高高的顶面，以及令人叹息的错误细节。我安慰客户，这些问题是可以改正的，所以他们接受了我的建议。我们一起修改平面图，而一位开发商则开始将平面设计转变成建筑。

别墅开始修建后，这对夫妇在得知我对马拉喀什的喜爱后，要求我带领他们领略这座城市。我对这座城市的异域特征进行描述时采用的方法激发了他们的好奇心，他们想透过我的眼睛来观看这个地方。尽管我们去那里并非为了寻找灵感，但他们发现摩洛哥建筑充分反映了当地炎热的气候和炙热的太阳，具有减少光照、构造凉爽的庭院空间的特征，因此，他们要求我们在其佛罗里达的宅邸尝试类似的设计方案。

回国后，我开始将一种特别的北非感觉融入这栋住宅。我们在房屋的内部和外部铺装了高度抛光的白色石灰石。前后花园都用围墙围起来，以创造庭院。我们还将内部空间也设计成封闭的庭院。我们在高耸的有时候是双层高的房间里安装类似阿拉伯式花窗的屏风。屏风能够柔和热带的骄阳，同时在墙面和地面上洒下优美、不断变化的图案。最终的结果既具有典型的迈阿密式和摩尔式元素，又具有超越时间、极其优雅的现代风格。

前几页：在入口门厅和楼梯间，白色石灰石和玻璃与一个我和房主去摩洛哥旅行时购买的两层楼高的黑色柚木屏风墙相融合。我们在巴厘岛时请人根据我们的设计制作了这些屏风。青铜黑玻璃桌是崔利·亨特设计的。在大房间里，地毯采用我根据在马拉喀什看到的一种图案而设计的花纹，那张镶嵌珍珠母的茶几也是我在马拉喀什发现的。此外，椅子的图案还有趣地重复出现在斑马照片和靠枕上。
左：三把改作他用的非洲蜘蛛桌放在厨房岛上。上：早餐厅采用巧克力色漆和白色石灰石。

上和对页：娱乐室主要被一个设施齐全的吧台占据，吧台采用石英石台面、仿古镜侧面。书架是由我的工作室设计的。次页：书房安装径面胡桃木面板、配置卷帘，卷帘图案与楼梯间所见的图案相似。相片集的拍摄日期可追溯至20世纪六七十年代，包括摄影师哈里·班森和赛尔维·布鲁姆拍摄的标志性照片。

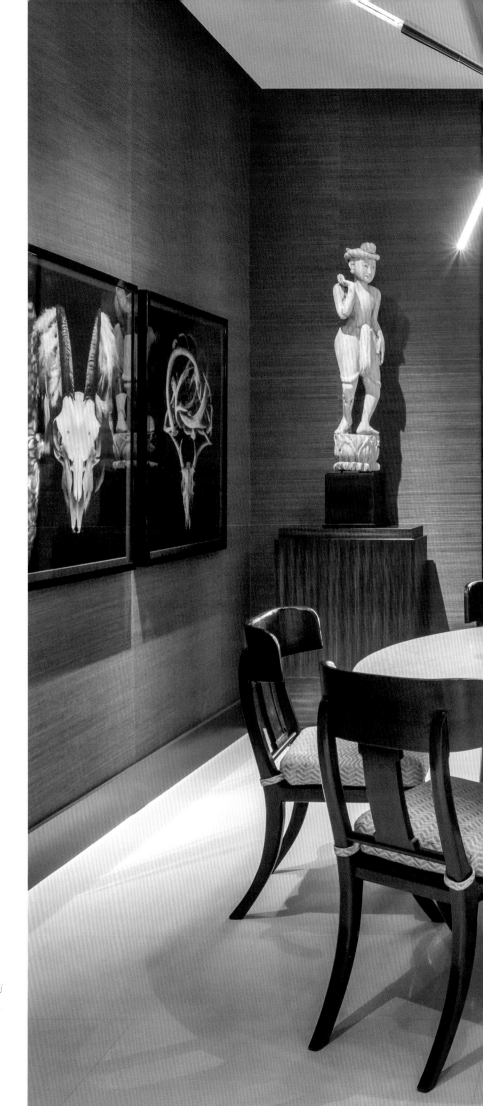

右: 屏风再次出现在严肃、优雅的餐厅, 在那里, 三幅肖恩·加拉格尔拍摄的照片与一个赞比亚柚木雕塑相搭配。克里斯莫式餐椅是我最喜爱的迈克尔·泰勒的作品。

上和对页：楼梯通向二楼休息室、我们在那里布置了一张在拍卖会上发现的
桃花心木不锈钢早期法国现代主义桌。

上和对页：巴厘岛制造、包覆深粉色丝绸的格子图案橱柜给主卧室增添了亮色。我喜爱那把怪椅，那是我在佛罗里达一家古董商店发现的。对于我来说，它就像一位教区牧师在演讲台前即兴吟唱摩尔式重复乐段，以此颂扬棕榈滩的一位优秀牧师。

右: 格子图案出现在主浴室的卷帘上，卷帘之外是用于按摩治疗的覆盖型露台。照片是帕科·佩里金拍摄的。对页: 两套客房的客厅均配置一幅林恩·巴萨创作的抽象油蜡画以及一系列弗洛拉·博西创作的混合技法自画像。

走进非洲

正如亚洲，也没有"非洲"设计这个概念，因为非洲不是单单一个地区，这片大陆上的每个国家——或者说每个地区——都有自己独特的艺术、文化和工艺传统，既有完全产于本土的，也有完全进口的（尽管更常见的是本土和进口的混合，受到殖民地和现代的综合影响）。令我惊讶和震惊的是，非洲边界内的土地上展现了全世界。

碰巧的是，作为一名设计师，我早期的兴趣之一与非洲民族艺术相关。在我20岁出头时，我竟然在洛杉矶的一个画廊中发现了一对来自乍得的仪式鼓槌。我发现它们既令人痴迷，又是能够让人购买得起的（收藏家的必杀技），这些物品成为了我第一次购买的藏品之一。因为民族艺术品在美国本土的盛行以及普遍可得，所以很快又有其他物品加入了它们的队列。但我还发现，这种非洲部落艺术构成了我同时喜爱粗俗和精美艺术的兴趣的一部分。对我及我的客户而言，我早期的话题之一就包括比较非洲和法国新古典主义艺术品。我认为，对立会促进彼此的发展。

在我作为新手设计的第一套公寓中，我融入了法国古董和部落艺术品，构建了一个具有天桥和轨管的安乐窝。这是一种尝试，相信我，这也是一枚炸弹。

几十年前，我开始定期前往非洲旅行，并开始从制作者手中而不是经销商手中购买物品。这时我发现了我兴趣的另一个维度，一个更深的维度，即吸引我关注民族艺术，也就是它的实用性。无论这些物品多么有趣、漂亮，它们也同样具有一种功能，通常是社交、宗教或仪式功能。这种理解是我将设计视为讲述故事的一个早期重要原因。

我还想说，非洲异域风情的大部分，至少对我而言，来自它的多样化。我的第一次非洲之行发生在我20出头时，当时与我妈妈同行。从纯粹的戏剧角度看，这次旅行是难以超越的。在那里，我和妈妈骑着骆驼行走在阿尔及利亚边界线附近，陪同我们的是图阿雷格部落的成员，那是一个因蓝色皮肤（被衣服的靛蓝染料染成）而出名的游牧民族。一场沙尘暴迫使我们逗留了一天，而图阿雷格部落的人们热情地欢迎我们加入他们，还送给我很多礼物，其中有我第一次品尝的鸽肉馅饼，那是一种皮薄松脆、加糖制作的甜美食物。我会告诉你，和蓝肤人在一场沙漠沙尘暴中吃鸽肉馅饼是一种美妙无比的体验，最妙的是，那天恰好是母亲节。

摩洛哥向我展示了许多东西，最重要的要数伊斯兰建筑的迷人特征。这种建筑遍布北非。了解了伊斯兰风格，见过它的庄严的、有催眠效果的混合型地区形式和西方古典主义的永恒原则，你的审美观将被永远地改变。

INDIAN OCEAN

Democratic
Republic
of the Congo

Kenya

Tanzania

ATLANTIC OCEAN

Angola

Zambia

Malawi

Mozambique

Madagascar

Zimbabwe

Namibia

Botswana

Johannesburg

Kruger
National
Park

South Africa

Stellenbosch

Cape Town

Southeast
Africa

如果说非洲大陆具有多样性，那么摩洛哥则具有最丰富的多样性。马拉喀什的马若雷尔花园占地 4.85 公顷，是艺术家雅克·马若雷尔在 20 世纪 20 年代和 30 年代设计和建造的（他到处采用的放射性钴蓝色至今仍然被冠以他的名字），后来被著名服装设计师伊夫·圣·洛朗购得。这座花园代表了来自最鼎盛时期的法国殖民主义的影响。非斯城令我惊讶的原因与此截然不同。走进市场，入目的是咔嗒咔嗒作响的牛车和流淌着被屠宰动物的鲜血的排水沟，那种简陋和杂音刹那间把我扔回了 8 世纪。这种体验令我兴奋和激动。刷白色涂料的抹灰建筑是索维拉这座滨海城市的典型结构，适合温带气候和这里的生活方式。巍峨的阿特拉斯山地区的建筑是最出人意料的。在有些村庄里，建筑是修筑了雉堞的泥土石材结构，在另外一些村庄里则是格斯塔德地区常见的阿尔卑斯山式农舍。在此，我要引用海明威的描述：摩洛哥是真正的可移动盛宴。

当然，埃及也是非洲的一部分。几年前，我和斯科特乘坐一艘配备齐全的三桅帆船（传统埃及帆船）沿着尼罗河从开罗前往阿斯旺。这次旅行似乎不可阻挡地带领我们前往文明的发源地——它真正地实现了一个终生梦想。我们参观了传说的伟大神殿，探索了平常不对公众开放的墓地遗址的内容（我知道，汤姆·斯特格林是一个盗墓者）。但是可称为我的"工作眼"的感官却极其强烈地受到了古代表面装饰艺术的吸引，特别是用石材制作的极浅的精美浅浮雕。明亮的埃及灯光极其桥面凸显了这些平面设计的精美之处。浅浮雕几乎未显示线条的细节以及它们是如何确定形状的，然而却极具描写性。回国后，我开始将那种平面细节融入一些项目的内部建筑的模塑形状中，从而让我们的设计偏离更加明显的西方审美。

你从来不会真正地知道在哪里可以找到灵感，或灵感如何融入你的风格。但我可以确定的一点是，我们的一些客户会惊讶地发现，他们家中具有细微层次的门框和顶冠饰条借鉴了装饰古埃及伟大神殿的古埃及法老浮雕。这就是旅行馈赠给我最好的礼物。

走向远方

大约十五年前，我和丈夫斯科特做出了一个选择，这个选择变革性地改变了我们的生活以及我的工作。我们决定每年花费三至四个月的时间去探索世界的不同地方，探索那些我们完全不了解或老地理学朋友尚未发现奇迹的地方。

这个决定受到了多个因素的影响，最重要的是个人因素。我的母亲和斯科特的父亲都患上了重病，而且都恰好处于退休年龄，他们认为在这个年龄至少有时间去做他们想做的事情。我和斯科特一直怀有的一个梦想就是，努力工作，赚到足够的钱就暂停营业，然后踏上旅程。可当我们发现这个计划可能会随时因为健康问题（或年老时的身体功能退化）而化为泡影时，我们认为最好在手脚足够灵活的时候去追逐梦想。探索世界正好能让我做自己想做的事情。旅行能够丰富和更新我的创造源泉，帮助我探索各种可能的美，重要的是，让我了解产生美的文明。对这种想法的重要性无论怎样强调都不为过。如果我对某个物品的来源和具有的意义的认识并不能解释我选择将它们融入某个人的住宅的原因，那么它无论多么美丽或特别，都只是一个物品。因此，仍然重要的是，我不仅要继续发现新事物，还要了解它们产生的背景。

另一个原因是，当我们旅行的时候，我并不是在休假。当然，我非常幸运地生活在一个能与我的工作室保持联系的时代，无论我在世界上的任何角落，我都能持续且努力地工作。虽然不在眼前，但不会失去联系。

和旅行一样重要的是我们旅行的方式。我常说最好的旅行可能并不会完全按照计划进行，让我们面对现实吧。即便你对旅行充满焦虑，行走一种完美协调、顺利无阻的旅行路线实际上会有点儿枯燥。激情来自出人意料的元素，是可能性的蠕虫，它会偷偷地爬进一个人精心制作的时间表中的孔隙空间。最好的行程会留下应对意外的时间，以提供你脱离行程来追求在路上偶遇一些东西的时间，可以是半个小时或几天。没错，我们认为我们将踏上观看 X、Y 和 Z 的旅行。实际上，无论是有意还是无意，每次旅行的真正目的（实际的、艺术的、知识性的或其他目的）就是幸运的意外。我认为，这才是旅行的内涵所在。

我所做的一切当然有一个结论，即：一种过于坚定的设计就像没有留下惊喜空间的旅行。总体来说，就是在一个室内空间中必须留下几个空白点，否则就没有空间或理由去做收藏。当一个客户做出有关艺术、物品或家具的决定时，她或他正在为家的故事做出贡献，并且实际上已经展开了这个故事。如此形成的结果是一种多层次的体验，一种时间、风格和个人经验层次的体验。这种体验在瞬间产生，并且与这些收藏品背后的一切有所关联。

我从未喜欢折中主义本身，不喜欢将一些截然不同的元素凑在一起以创造一种冷酷、怪异的氛围。我发现折中主义设计时尚、肤浅、具有可以想象的短暂生命。但一种虽然不太可能但却兼具一致的想象、深度计划和思考的设计将会响应并接受新思想和方向。就像一次精心策划的旅行，细心设计的室内空间将把鲜明的目的与接收惊喜的强烈意愿融合起来。

同样不轻松的是突出个性的必要这是我学到的另一种非常重要的经验。通常情况下，一次旅行中最重要的发现不是地球上一片从未有人探索的土地，而是一种从未被发现的个性。我和斯科特曾经亲眼看见了各种奇

观，我们乘船穿过正在爆发的火山，坐在海底观看五颜六色的鱼群在头顶回旋，我们曾站在空气稀薄透明的山顶上远眺美丽绝伦的景观。真的，我们两人非常幸运。但除了古埃及的壮观外，我还记得那个驾船带领我们沿着尼罗河南下的船长的技能和谦逊；除了布拉格老城区漂亮的15世纪天文钟外，我还记得在一家温馨的装饰艺术咖啡店里向我们详细解释天文钟的工作原理的朋友。当我闭上眼睛并想象一幅世界地图时，头脑中浮现的不是目的地，而是各种面孔——我看到了朋友——这是旅行的终极乐趣和目标。同理，成功的室内设计的目的不是为了展示财富、品味或精美，而是为那些因为共同血缘或者共同目的而心生爱意之人创造一个家。

这并不是牵强附会，设计一个人的家同样也是一种旅行。在这样的旅行中，我很可能是导游。潜在顾客一般都是朋友们向我推荐的。他们向这些新客户解释了设计过程如何改变了他们的生活，说明了他们如何在实际上改变了委曲求全的生活状态，创造了一个满足其需求的家。这个家不仅迎合了他们对装饰和功能的需求，还满足了他们更大的抱负和渴望。这就是我们想要做的事情。但我们没有告诉客户我们认为他们应该拥有什么（或想要给他们什么），相反，我们首先做的是了解他们的故事，然后帮助他们讲述它。

从我的经验看，人们一般分为两种类型：一种是发现者，令一种是探求者。从家居设计看，发现者一般拥有一栋他们想要建造的"幻想"房屋，是他们承诺对自己长时间的日夜勤奋工作而作出回报的展示空间。相反，探求者追求一些完全不同的东西，一个能够支持并促进个人成长的地方。

他们希望重新唤醒自己的惊奇感。他们已经完成了那种幻想，如今想更进一步，进入一个可能的未知之地去看正在等待他们的东西。我发现后述人群是最好的客户，至少对我而言是如此——他们已经发现某种东西且如今希望再次探求。他们说"让我们开始旅行"。

当孩童时期的我驾驶单桅捕鲸船横跨鲻鱼湖时，我想象自己长大后，总有一天会去一个从未有人踏足的地方。如今，半个世纪后，我不得不面对这样一个事实，那就是，这样的地方可能不再存在。地球上很有可能没有一个我能看到的地方是从未被人发现过的。

但智慧随着年龄不断增长（据说是这样），我知道成为第一到达某处的人归根结底并不是重点。至少对我而言，旅行的意义才是重点。我有时候会想起去塞伦盖蒂平原的一次旅行，当我一天晚上躺在床上听着群狮狂吼的时候，我突然想到，站在我帐篷外面的身穿华美服装的马赛部落成员并不是装饰，而是为了达到一定的目的，那就是防止我们被狮子吃掉。如果我只是拿起一本画册，感叹这个部落的服饰和习俗，那么很可能我对这个部落的理解和欣赏就会仅止于此。然而，将我的生命放在他们的手中改变了一切，实际上，正如一位诗人所说，彻底地改变了一切。

我想说，走向远方将我变成了一个更好的地球居民。我也知道，它让我成为了一个更好的设计师。我还知道，即便从未去过别人从未去过的地方，我仍然尝试用双眼去看能够看到的一切，而这将是一种完美的人生。

ON THE VALUE OF FRIENDSHIP

论友谊的价值

如果说风和日丽时结交的朋友是不可靠的，那么是否可以说狂风暴雨中结交的朋友就定会持久？然而，这一点却在我的人生中得到了印证。在设计方面，我最受益的一段友情便是在一个雨天建立的。

詹姆斯·S. 欧菲尔德是因口香糖和体育馆而闻名于世的小威廉·里格利的曾孙，我敢说，他像那个著名的世俗人物弗朗兹·李斯特一样非常了解生活。然而，詹姆斯也同样富有一种特别的美国魅力、好奇心和礼貌，20多年前，他第一次突然给我打电话时，我就发现了这点。当时，我刚刚创立自己的工作室，正在位于北密歇根州的家族小木屋里度假。我拿起电话，詹姆斯介绍了自己，然后解释他在附近购买了一座小木屋，希望和我谈谈改装的事。但他又说，他不想打断我的假期，说会等到下一个狂风暴雨的天气再邀请我去看那个地方。我感到开心又好奇，于是同意了。

不用说，直到一场猛烈的暴风雨敲打我家屋顶，他才又打来电话。我驾车去了他的俱乐部。用餐时，詹姆斯和我发现我们具有相似的家庭渊源——都是21世纪早期中西部实业家的后代，都热爱小木屋，而我们的关系就建立于此。到用餐结束时，詹姆斯和我已经不再是陌生人：血脉的绵延以超快的速度产生了信任。

这种信任在我参观了他的小木屋并说出我的想法之后显露了出来。詹姆斯告诉我他希望改装在一年后完成，让我自主寻找我需要的任何资源和分包，并建议我立即开始工作。对于一名刚刚创立工作室的年轻设计师来说，这是一个极其珍贵的机会，是除了雨水之外从天而降的东西。

除了唯一一次三小时的会谈之外，我再没见过詹姆斯，直到完全按他的要求提交钥匙的那天。詹姆斯以最好的方式表达了他的满意——他不仅在之后的几十年里多次聘请我们，而且将我的工作室推荐给了他的母亲、兄弟和女儿。到著述这本书时，我已经在21年里为詹姆斯和他的家人完成了28个项目。

显然，这还不算是最好的部分，因为当第一座小木屋的工作完成后，如同《卡萨布兰卡》的里克和雷诺上尉一样，我和詹姆斯也建立了一段美好的友情。我说过詹姆斯很好奇。他也是一名水手，在了解我的爱好和经历后，他建议我们（最终包括我们的伴侣）一起进行一些探索活动。当时，我的旅行体验要比詹姆斯稍多，他很感兴趣地去看我看过的事物，倾听我所学到的东西，并创造能让我们拓展知识和丰富人生的新条件。这种欲望——以每个时刻都是珍贵的且不能浪费的思想为基础建立友谊——到今天仍然是我收到的最好礼物之一。

我还受益于詹姆斯的一种特别的能力，那就是成功发展业务关系的同时，也不让它妨碍双方友情的成长。这种事情看起来简单，做起来难。在任何行业，依赖友谊对客户来说总是具有巨大的诱惑力，但詹姆斯从未屈服于这种诱惑。詹姆斯的智慧是不容置疑的，这种智慧反过来鼓励我向他展示同样坚定不移的尊重。

然而，这并不意味着我们的旅行没有极大地提高我们共同完成的工作的价值。詹姆斯经常要求我带他去那些影响了我的思想和品位的地方，这样他就能亲身体验这些地方对我的意义。此外，因为他拥有对求知的永无止境的渴望，所以詹姆斯总是要求我清楚地讲述自己的感觉，去说明、解释，甚至是辩护。这使我变成了一名在很多方面都更加优秀的设计师。詹姆斯坚持让我清楚地表达一种情绪的性质，这种举动使我有意识地将这些清晰的想法应用在我们共同打造的项目中。你可以说我们共同拥有这些项目。这是一种完美地诠释了其本身的支持，而且我要再一次对此表示感激。

詹姆斯是一个从内心深处散发出可爱、聪慧、风趣的人，是一个在各方面均极其特别的人。我很骄傲地称他是我的朋友，我同样感到自豪的是，我从他那里学到了很多东西，特别是友谊的价值——真正价值。我很高兴地以书面形式表达我对一个无论风雨和阳光，总是以艳阳天的状态来面对我的朋友的感激之情。

致谢

我经历的最有趣的一次旅行便是创作这本书。如果没有吉尔·科恩的规划和指导，我不可能完成这段旅行，是他使这本书的出版成为可能。我要感谢马克·克里斯塔尔，是他帮助我确定了内容；感谢乔治·格拉，他拍摄的漂亮照片给书的每一页都增添了色彩；感谢我工作室的伊琳娜·庄，是她绘制了漂亮的插画地图。

我要特别感谢澳大利亚视觉出版集团的杰出成员——保罗·莱瑟姆、尼可·勃林格和吉娜·萨劳斯，还要感谢阿德里亚诺·马库索。

我衷心感谢凯斯·格拉内、梅格·杜博格和埃里克·佩雷斯，因为他们对与这本书和我的工作相关的一切给出了具有说服力的、深思熟虑的建议。我还必须感谢我的优秀旅游专家彼得·卡里迪奥，是他带领我多次前往世界各地旅行，并让这些旅行既时尚又舒适，并在发生意外时无数次地拯救我。

我还要感谢我的商业伙伴约翰·恰隆以及我们管理团队的其他成员，包括特蕾莎·斯图尔特和里克·维策尔，他们让我能够完成繁重的工作，同时还有时间到处旅行。感谢我的整个设计团队，感谢他们的创意和对我们的作品的贡献。

没有 Rugo/Raff 建筑师事务所、Neumann Mendro Andrulaitis 建筑师事务所和 Hoerr Schaudt 景观建筑师事务所中与我经常合作的创意合作者，我就不能做我想做的事我们所有人都感谢收入此书的精美住宅的建造者们，包括保尔·弗兰兹建筑公司、The I.Grace 公司、J L La Valee 建筑公司、安迪·范德蒙尔建筑公司、欧尼·多拉德建筑公司、Randall Stofft 建筑师事务所、Tip Top 建筑公司和 Delta Marine 公司。

如果没有真正超凡的客户，特别是那些同意让他们的住宅出现在这本书中的客户，本书就只会是空想。这些客户包括：约翰和琳达·贝克、马克和凯西·比塞尔、弗雷德和苏西·菲森菲尔德、詹姆斯和 Sujo·欧菲尔德，以及格雷格和史黛丝·伦克。

我从内心最深处感谢我的家人，他们为我指明了道路并让我的梦想成真。最后且同样重要的是，我要特别感谢最优秀、善良、爱冒险和耐心的丈夫斯科特，我和他一起经历并创造了过去 24 年里的奇妙旅行。

The information and illustrations in this publication have been prepared and supplied by Tom Stringer in
collaboration with Marc Kristal. While all reasonable efforts have been made to ensure accuracy, the publishers do
not, under any circumstances, accept responsibility for errors, omissions and representations express or implied.